KB170125

인문학으로 배우는
한국 전통주 소믈리에

인문학으로 배우는

한국 전통주 소믈리에

김경섭 지음

한국경제신문i

한국의 전통주는 고문헌에 수록된 레시피를 고증한 술과 가문 대대로 내려온 우리 술들 그리고 현재 전통방식으로 만드는 술들을 말합니다. 그리고 소믈리에는 큰 집, 호텔, 기숙사 등에서 식료품을 담당하는 사람, 카페나, 음식점에서 술을 담당하는 사람을 뜻하는 프랑스어입니다. 이 두 나라의 단어가 합쳐진 한국 전통주 소믈리에는 온전히 우리 고유의 말은 아니지만, 의미 전달에 있어서는 가장 적합할 것입니다.

그렇다면 한국의 전통주 소믈리에는 어떤 위치에서, 무엇을 해야 옳을까요?

첫 번째는 역사입니다.
우리의 술에 관한 역사를 제대로 알지 않는 한 우리 술의 미래는 없을 것입니다.

두 번째는 이해입니다.

지금 마시고 있는 소중한 술을 만드는 이의 마음과 정성을 이해해야 합니다. 세상에 그냥 만들어지는 술은 단 하나도 없습니다.

세 번째는 비교입니다.

우리 술이 종류에 따라 어떤 차이가 있고 어떤 맛과 향이 느껴지는지 제대로 느끼고 기억해야 세계의 많은 술과 비교할 수 있으며 우리 술과의 차이점을 알고 좋은 점을 찾아낼 수 있을 것입니다.

네 번째는 기술입니다.

우리 술이 만들어지는 원리를 이해하고 제대로 된 기술을 익혀야 좋은 술을 가려낼 수 있으며, 타인에게 추천할 수 있을 것입니다.

다섯 번째는 담화입니다.

우리 술을 찾아온 사람들에게 마땅히 해야 할 것으로, 여러 이야기를 제대로 알고 들려주어야 합니다.

여섯 번째는 나머지 모든 덕목과 맞먹는 부분으로 우리 술에 대한 적절한 대접입니다.

우리 술을 찾아온 사람들에게 제대로 잘 찾아 마셨다는 소리를 들을 때 전통주를 제안하고 서빙하는 한국 전통주 소믈리에로서 보람을 느낄 것입니다.

김경섭

차 례

4장 발효

5장 전통주 만들기

6장 고조리서 이야기

7장 전통주 서빙 실무

부 록

1장

전통주의 역사

삼국시대 전통주

고구려 건국신화인 〈동명왕편〉에 천제의 아들인 해모수가 하백의 세 딸 중 유화를 술에 취하게 해서 아내로 삼아 주몽을 낳았다는 이야기가 나옵니다. 그 먼 옛날이나 지금이나 술 때문에 일어나는 일에 대해 할 말이 많은 분들이 여럿 계시겠습니다만, 건국신화이니 그러려니 하고 넘어가는 게 예의인 것 같습니다.

이 시기 신라의 술은 맛이 좋기로 유명해서 중국에까지 그 위력을 떨쳤습니다. 당나라 시인 이상은(李商隱, 812~858)이 "한 잔 신라주의 기운이 새벽바람에 쉬이 사라질까 두렵구나"라고 칭송할 정도였습니다(《해동역사(海東繹史)》, 《지봉유설(芝峰類說)》).

반면 백제는 일본에 주조기술을 널리 전파한 것으로 알려져 있습니다. 인번(仁番, 수수보리)은 일찍이 일본으로 넘어가 좋은 술을 만드는 기술을 전파했습니다. 당시 일본의 왕인 '응신천황(서기 400년에 고구려 광개토대왕에게 쫓겨 일본으로 넘어간 삼한의 왕이라는 설이 있음)'으로부터 극찬을 받았다 합니다. 일본에는 인번을 모시는 신사(사카신사)도 있습니다.

앞서 살펴본 것처럼 이미 삼국시대부터 우리나라의 전통주는 다른 나라에서도 인정할 정도로 맛이 뛰어났다는 것을 알 수 있습니다. 그리고 청(靑)과 탁(濁)을 가리지 않고 즐겼다는 말이 고문헌에서 확인될 정도니, 백성들도 술을 즐겼다는 것을 짐작할 수 있습니다.

고려시대 전통주

이규보(李奎報, 1168~1241)가 지은 《동국이상국집》(1241년, 고종 28)의 시(詩)를 보면 "발효된 술덧을 압착해서 맑은 청주를 얻는 데 겨우 4~5병을 얻을 뿐이다"라고 쓰여 있습니다.

고려시대는 곡주를 이용한 고급주 양조법이 완성되어 있었으며, 당시 엘리트 집단이었던 사찰의 승려를 중심으로 계승 및 발전되어 오고 있었던 것입니다.

또한 《고려도경》(1123년, 인종 1, 고려 중기)에는 "왕이 마시는 술은 양온서에서 다스리는데 청주와 법주, 이 두 가지가 있으며 질항아리에 넣어 명주로 봉해서 저장해둔다"라고 자세히 나와 있습니다. 이것으로 봐서 고려시대는 술을 만드는 관청이 따로 있을 정도로 술이 발달했다는 것을 알 수 있습니다.

충렬왕(제25대 왕, 재위 1274~1308, 원나라 세조 쿠빌라이의 사위) 3년에는 몽골에서 소주가 유입됩니다. 소주는 충숙왕(제27대왕, 재위 1313~1330, 복위 1332~1339) 이후 고급주로 대유행했습니다.

술을 대상으로 한 시와 소설도 성행했습니다. 시가(詩歌)에서는 당시 유행하던 황금주, 백자주, 죽엽주, 이화주, 오가피주들이 나옵니다. 술의 긍정적인 면을 표현한 이규보의《국선생전》이나, 술의 부정적인 면을 표현한 임춘의《국순전》처럼 술을 의인화한 소설도 등장합니다.

고려시대의 대표적인 술로는 만드는 방법이 독특하고, 예쁜 색으로 유명한 진도홍주가 있습니다. 그리고 면천두견주는 고려시대 개국공신 복지겸이 아팠을 때 그의 딸 영랑이 면천의 안샘 물로 만들어서 올린 술이라고 전해지고 있습니다.

조선시대 전통주

불교사회인 고려를 뒤로하고 유교사회로 시작한 조선은 가문 중심으로 각 지방에 지배층을 형성했습니다. 그리고 그들만의 차별화된 고급소비 문화를 추구했습니다. 술도 고급화가 진행됐으며, 청주와 각종 약재를 첨가한 약재주부터 지역 특화작물이 들어가는 술 등 수백 가지를 만들어 즐겼고, 국가적 존망을 위태롭게 하는 사건을 몇 차례 겪었음에도 찬란한 술 문화를 꽃피웠습니다.

1849년에 홍석모가 집필한《동국세시기》, 〈기타 3월 세시풍속 편〉을 보면 "술집에서는 과하주를 만들어서 판다. 술 이름으로는 소국주, 두견주, 도화주, 송순주 등이 있는데, 모두 봄에 만드는 좋은 술들이다. 소주로는 독막(지금의 서울 마포구 공덕동에서 대흥동 사이) 주변에서 만드는 삼해주가 가장 좋은데 수백, 수천 독을 만들어낸다. 평안도 지방에서 쳐주는 술로는 감홍로와 벽향주가 있고, 황해도 지방에서는 이강고, 호남 지방에서는 죽력고와 계당주, 충청도 지방에서는 노산춘 등을 각각 가장 좋은 술로 여기며, 이것 역시 선물용으로 서울로 올라온다"라고 쓰여 있습니다.

앞의 글을 보면 고급주인 소주가 인기가 많았던 것으로 보입니다. 술의 생산량과 유통량이 크게 성장하고 있었다는 것도 짐작해볼 수 있습니다. 이렇듯 조선 중후반기로 갈수록 비교적 안정적인 사회가 지속되며, 술 관련 문화도 번창했습니다.

유행하던 술을 보면 탁주로는 이화주, 혼돈주, 합주, 모주 등이 있으며, 소주는 안동소주와 삼해소주, 감홍로, 이강고, 죽력고 등이 있고, 꽃이나 약재가 들어가는 술로는 오가피주, 송절주, 구기주, 두견주, 국화주, 백화주 등이 있었습니다.

일제강점기 전통주

일본제국주의가 조선을 병탄할 목적으로 설치한 통감부(統監府)는 조선에서 생산되는 술에 세금을 부과하기 위해 1909년에 주세법을 제정하고, 1916년에 주세령을 발표했습니다.

술병을 든 남자
출처 : 대한민국술테마박물관

판매용 술뿐만 아니라 집에서 만드는 술도 자가소비용 면허를 받아야 했으며 세금을 내야 했습니다. 1918년을 기준으로 자가소비용 주류(가양주) 제조면허자는 37만 명이나 됐지만 높은 주세율을 적용했습니다. 판매용 제조면허의 조건도 강화했습니다.

결국 찬란했던 조선의 가양주들은 대부

분 기업화하지 못하고 점차로 소멸해서 1932년에는 1개 업체만 남아 있는 실정에 이르게 됐습니다. 1934년에 이르러서는 가양주 제조면허가 아예 폐지됐고 우리나라 가양주 문화는 음지로 사라지게 됐습니다.

일본은 자국의 주조기술을 적용해서 조선에서 만드는 술의 품질을 규격화했으며, 저렴한 술을 대량으로 만들어 보급하면서 술값에 세금(주세)을 부과했습니다. 1933년에는 식민지 조선에 부과된 전체 세액 중 약 1/3이 주세일 정도였습니다.

그리고 당시 조선에는 존재하지 않았으며, 내용 또한 말이 되지 않는 면허제도가 도입되면서 밀주가 성행하게 됐고, 일본은 각종 유인물로 조선사람들을 협박 및 계도했습니다.

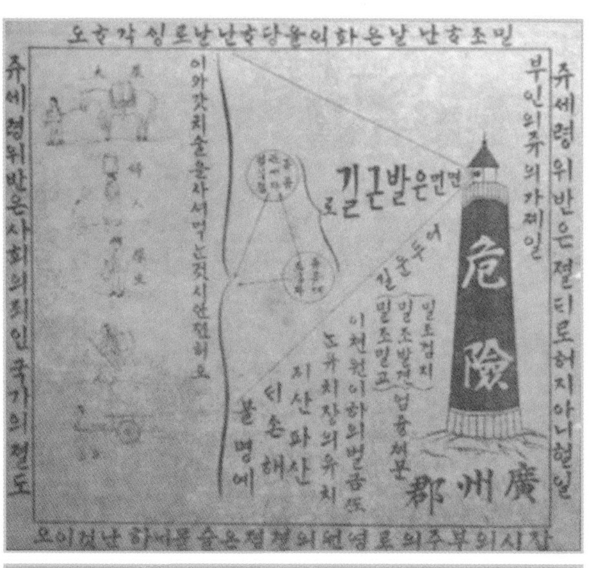

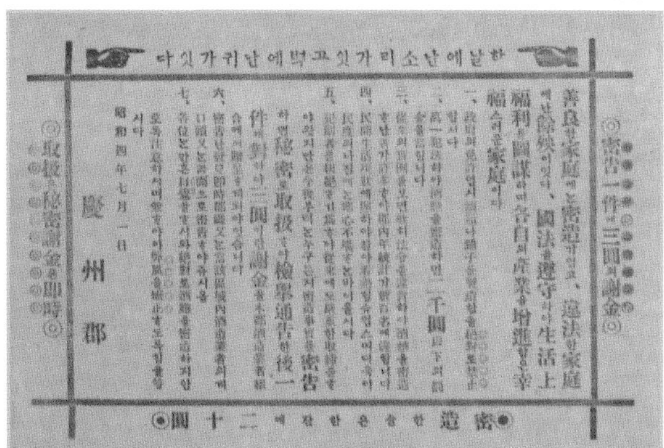

밀주 단속 유인물　출처 : 대한민국술테마박물관

근대시대 전통주

근대시대 주점 모습　출처 : 대한민국술테마박물관

1946년 미군정은 광복 이후 피폐했던 한국의 식량 사정을 고려해서 막걸리 주조금지령을 내렸습니다. 술도 음식이라 생각하는 우리 민족에게 막걸리 주조금지령은 청천벽력같은 일이었고 심한 반발과 함께 밀주가 성행했습니다. 1947년에는 과도정부에서 법령 제 154호로 주세령과 청량음료세령을 통합해서 '음료세령'을 공포하고 시행했습니다.

1949년, 주류의 범위를 '주정과 알코올분 1도 이상의 음료'로 정의하고, 주류의 종류를 양조주, 증류주, 재제주 3종으로 구분하는 주세법(법률 제 60호)을 공포했습니다.

1965년에는 식량난이 심각해지지자 박정희는 '양곡관리법'을 1월에 시행했고, 이를 통해 3월부터 순곡주 제조 금지령을 내렸습니다.

1966년 8월에는 탁·약주 제조에 쌀을 사용하는 것을 아예 금지했습니다. 그래서 수입 밀가루 100%로 만들어진 밀막걸리가 나타나게 됐습니다.

소주도 예외는 아니어서 쌀로 만드는 증류식 소주는 자취를 감추게 됐습니다. 대신 그 빈자리에는 값싼 주정에 물을 희석하는 방식의 만들기 쉽고 저렴한 희석식 소주가 주머니 가벼운 서민들에게 호응을 얻기 시작했습니다. 그러면서 전국에 업체가 난립해서 1970년에는 200여 개에 이르렀습니다.

1968년에는 '카바이드(Carbide) 막걸리' 사건으로 한바탕 난리가 났습니다. 막걸리에 카바이드를 넣었다고 잘못 소문이 나서 소동이 일어났습니다. 실제로는 카바이드를 막걸리 만들 때 넣은 것이 아니고, 빠르게 발효시키기 위해 카바이드로 발효온도를 높인 것이 오해를 사게 된 것입니다. 물론 카바이드의 유해가스가 막걸리에 영향을 주었을 수도 있습니다. 때문에 전적으로 오해라고는 말할 수 없을 것입니다.

1972년, 주정을 제외한 탁주와 약주에 종가세(從價稅)가 전면 시행됐습니다. 1976년, 시장 독점을 방지하고 지방 소주업체를 육성한다는 명목으로 정부는 자도주 보호규정(자도 소주 구입 명령제)을 신설하게 됩니다. 이 규정은 시·도에서 별도로 1개의 업체만 소주를 생산하고, 생산량의 50%를 해당 지역에서 소비하도록 한 것이 주요 내용입니다. 이 규정으로 인해 현재 지역별로 남은 소주로는 서울·경기 지역은 참이슬, 경남은 좋은데이, 제주도는 한라산, 강원도는 처음처럼, 부산은 C1과 대선, 전북은 하이트, 대전충남은 이제우린, 충북은 시원한 청풍 등이 있습니다(자도주 보호규정은 1989년 한 차례 40%로 완화됐다가 1992년 완전히 폐지됐습니다. 그러나 3년 뒤 다시 부활했고, 1996년 헌법재판소가 '자도주를 50% 이상 구입하도록 한 주세법은 자유경쟁원칙에 위배된다'며 위헌 결정을 내린 뒤에야 역사 속으로 사라졌습니다).

1978년에서 다음 해인 1979년까지는 2년 동안 한시적으로 쌀막걸리를 허용했습니다.

1982년에는 사라진 전통주의 복원 발굴 및 무형문화재 지정을 추진했습니다.

1984년에는 1986년 '아시안게임'과 1988년 '서울올림픽' 등 커다란 국제 행사를 앞두고 주류 수입 개방을 진행했고, 이때 맥주 수입을 개방했습니다.

1988년에는 서울올림픽을 계기로 정부는 국내에서 올림픽을 치르기 한참 전부터 적극적으로 전통주(민속주) 발굴을 독려하기 시작했습니다. 우리가 잘 알고 있는 안동소주도 1987년 경북 무형문화재 제12호 기능보유자로 조옥화 여사가 지정됐고, 1990년 9월에 생산을 시작했으며, 2000년 국가지정 식품명인 제20호로 지정됐습니다.

1990년도에 이르러서야 탁주의 원료를 자유화하면서 막걸리에 쌀을 쓸 수 있도록 양곡관리법과 주세법을 개정했습니다.

1991년 이전에는 제조원료, 첨가물, 제조방법 등을 기준으로 해서 분류하던 것을 최종 제품의 성상을 기준으로 분류하도록 변경해서 18종류에서 11종류로 단순화됐습니다.

1992년에는 탁주에 최초로 아스파탐, 스테비오사이드, 유기산, 아미노산류 등의 첨가물들을 첨가 허용했습니다.

1995년에는 이전까지는 불법이었던 자가양조를 허용했습니니다. 이듬해에는 '자도주 보호규정(자도 소주 구입 명령제)'을 폐지했으며, 살균 탁주도 판매구역을 해제했습니다.

1998년에는 막걸리의 규격을 알코올 6도에서 3도 이상으로 조정했습니다. 첨가물료로 인삼이나 잣, 대추, 과일 등 식물성 재료를 사용할 수 있도록 허용해서 다양한 첨가물료를 이용한 막걸리의 고급화가 시작됐습니다.

2001년에는 생탁주 판매구역도 해제했습니다. 2009년에는 전국적으로 막걸리 열풍이 일어났습니다. 2016년에는 막걸리를 음식점에서 직접 만들어 판매할 수 있는 하우스 막걸리 제도(소규모 주류 제조 허가)를 시행했습니다.

2017년에는 전통주 온라인 판매를 합법화해서 이미 예전부터 시행됐던 자체 온라인 사이트 판매 외에 각종 오픈마켓 및 일반 통신 판매업자도 판매가 가능해졌습니다.

2020년 1월에는 맥주와 막걸리를 포함한 탁주에 대한 주세가 기존의 종가세(從價稅)에서 종량세(從量稅)로 바뀌었습니다. 5월에는 주류규제 개선방안이 발표됐습니다.

국세청-기재부, '주류규제 개선방안' 관련 '고시·훈령' 개정

구분	정책과제	개정사항
제조분야	• 타 제조업체 제조시설 이용한 위탁제조(OEM) 허용	주세법
	• 주류 제조면허 취소 규정 합리화	주세법
	• 주류 제조방법 변경 절차 간소화	주세법 시행령
	• 주류 첨가재료 확대	주세법 시행령
	• 주류 제조시설을 이용한 주류 이외 제품 생산 허용	국세청 고시
	• 주류 신제품 출시 소요 기간 단축	국세청 훈령
유통·판매 분야	• 홍보 등 목적의 경우 면허받은 주종 외 주류제조 허용	주세법
	• 주류 제조자·수입업자의 주류 택배 운반 허용	주세법 시행령
	• 음식점의 주류 배달 기준 명확화	국세청 고시
	• 주류통신판매기록부 기재사항 간소화	국세청 고시
납세협력 분야	• 맥주·탁주에 대한 주류 가격신고 의무 폐지	주세법
	• 소주 맥주에 대한 대형매장용 용도구분 표시 폐지	국세청 고시
	• 맥주·탁주의 납세증명표지 표시사항 간소화	국세청 고시
	• 대형매장의 면적기준 상향	국세청 훈령
전통주 분야	• 전통주 양조장 투어 등 산업관광 활성화	조세특례제한법
	• 일정규모 미만 전통주 제조자 납세증명표지 첩부 면제	국세청 고시
	• 국가·지자체 전통주 홍보관의 시음행사 허용	국세청 고시
법령체계	• 주류 면허 관리 등에 관한 법률 제정	주세법

2020년 5월 18일에는 국세청과 기재부에서는 주류산업 경쟁력 강화 및 소비자의 편의를 위해 주류 관련 규제를 개선하는 방안을 발효했습니다. 중요한 사항은 다음과 같습니다.

1. 주류 제조시설을 이용한 주류 이외의 제품 생산 허용

기존에는 주류 제조장은 독립된 건물이어야 하고 다른 목적의 시설과 완전히 구획되어야 한다는 조건을 뒀습니다. 하지만 이번 개정을 통해 주류 제조시설을 이용하거나 주류 부산물 등을 사용해 생산 가능한 제품은 주류 제조장에서 생산할 수 있도록 허용했습니다.

2. 주류 신제품 출시 소요기간 단축

기존에는 주류를 제조 및 판매하기 위해 관할세무서장에게 주류 제조방법을 승인받고, 제조방법대로 주류를 제조했는지 주질 감정을 받아야 했습니다. 그러나, 주류 제조방법 승인 전이라도 주질 감정 신청을 할 수 있도록 허용했습니다.

3. 음식점 주류배달 기준 명확화

음식배달 시 주류판매 허용금액은 결제금액(주류 가격 포함)의 50%까지 가능하게 했습니다.

4. 주류통신판매기록부 기재사항 간소화

'주류통신판매기록부'에 구매자의 '생년월일' 기재의무를 폐지해 전통주 제조자의 전통주 통신판매에 따른 납세협력 부담을 완화했습니다.

5. 소주, 맥주에 대한 대형매장용 용도구분 폐지

희석식 소주와 맥주의 대형매장용 표시의무를 폐지해 용도별 구분 표시 및 재고관리 비용 등 납세협력 비용을 축소했습니다.

6. 맥주, 탁주의 납세증명표지 표시사항 간소화

기존에는 주류제조자가 납세증명표지에 주류의 종류, 용량, 상표명, 규격을 표시해야 했습니다. 그러나 표시사항 중 '상표명과 규격'을 '제조자명'으로 대체할 수 있도록 간소화해 납세증명표지 구입 및 재고관리 비용 등 납세협력 비용을 축소했습니다.

7. 대형매장의 면적기준 상향

주류판매기록부를 작성할 의무가 있는 대형매장의 사업장 면적 기준을 '국세청 훈령' 1,000m^2 이상과 '유통산업발전법' 3,000m^2 이상으로 각각 달리 규정했으나 3,000m^2 이상인 점포로 상향타 법령과의 혼선을 해소했습니다.

8. 일정규모 미만 전통주 제조자 납세증명표지 첨부 면제

기존엔 직전년도 출고량이 10,000kl 미만인 탁주와 1,000kl 미만인 약주를 제외한 모든 주류에는 주세 납세 또는 면세 사실을 증명하는 납세증명표지를 첨부해야 했으나 전통주 제조자에 대해서도 직전년도 출고량에 따라 납세증명표지 첨부 의무를 면제했습니다.

9. 국가 지자체 전통주 홍보관의 시음행사 허용

시음행사는 관할세무서장으로부터 시음행사 승인을 받은 주류제조자와 주류수입업자에게만 허용됐으나 국가·지방 자치단체·공공기관과 위탁 운영 계약을 체결하고, 주류소매업 면허가 있는 전통주 홍보관에 대해서도 시음행사를 허용했습니다.

10. 주류첨가재료 확대

11. 타 제조업체 제조시설 이용한 위탁제조(OEM) 허용

2장

전통주 이야기

유흥문화의 정점,
포석정

포석정 출처 : 국립중앙박물관

삼국시대의 신라는 산맥과 바다에 둘러싸여 고구려와 백제에 비해 작고 비교적 좁은 땅에 위치했습니다. 하지만, 이후 삼국을 통일한 대단한 국가이며, 출토되는 문화재들을 보면 유흥문화 또한 크게 발달했다는 것을 알 수 있습니다.

사적 제1호인 신라의 포석정(鮑石亭)은 중국에서 건너온 유상곡수(流觴曲水)로 형태나 기능면에서 정점을 보여주고 있습니다.

포석정은 신라시대 경주에 있는 남산의 신에게 제를 올리는 곳이었습니다. 하지만 제례뿐만 아니라 삼짇날에 왕과 귀빈들이 술잔을 띄워 두고 물길을 따라 본인의 자리에 오기 전에 시를 짓고 읊는 풍류놀이인 곡수연(曲水宴)의 장소로도 쓰였다고 합니다. 특히 경애왕은 이곳 포석정에서 유희를 즐기다가 신라의 멸망을 초래했다는 이야기가 있습니다.

그러나 경애왕의 유희와 관련해 전해내려오는 이야기는 일본의 역사 왜곡에 의한 잘못된 이야기일 수 있다고 합니다. 경애왕은 포석정에서 나라의 안정을 비는 제사를 지내다가 죽은 것으로 추측되고 있습니다. 하지만 진격해오는 적들을 기꺼이 마주하지 못하고 그저 살려 달라 제를 올리고 있었다는 것은 일본의 역사 왜곡과는 다른 의미에서 씁쓸함을 느끼게 합니다.

이러한 유상곡수 문화의 흔적은 이후 조선시대 궁중 및 여러 양반가에서 즐기는 유흥문화 중 하나가 됐습니다. 현재 창덕궁 옥류천의 유배거(流杯渠)에도 유상곡수의 흔적이 남아 있습니다.

경주까지 가보기 힘든 분은 포천에 있는 산사원(배상면주가)에 가시면 유상곡수를 재현해놓은 것을 볼 수 있습니다.

신라시대 성인 놀이문화, 주령구

신라시대 궁 안의 연못인 안압지(雁鴨池, 현재는 옛날 이름을 복원해 '월지'라 불림)는 당시에는 매우 화려한 곳이었을 것입니다만, 신라 멸망 후 방치되어 무성한 갈대와 부평초 사이를 오리와 기러기들만이 거닐고 날아다니는 황량한 곳이 됐습니다.

이 광경을 본 조선시대 사람들은 상황을 간단하게 줄여 안압지(雁鴨池)라 부르기 시작했다 합니다. 세월은 흘러 1975년이 됐고, 안압지의 뻘 안에서 참나무로 만든 다면체가 발견됐습니다.

통일신라시대인 8세기 무렵의 것으로 추정되는 이 다면체는 각 면마다 점이나 숫자가 아닌 문구가 새겨져 있습니다.

14면에 새겨져 있는 문구를 자세히 살펴보면 각 면마다 술을 마시고 행하는 벌칙 같은 것들로 가득합니다. 이렇게 당시의 술 문화를 엿볼 수 있는 특이한 이 다면체는 '술 마시기를 명령하는 놀이 기구'란 뜻으로 주령구(酒令具)라는 이름으로 불립니다.

안타까운 일은 이 중요한 역사적 유물이 출토된 후 건조작업 중 담당자의 실수로 소실되고 말았다는 것입니다.

금성작무(禁聲作舞) – 노래 없이 춤추기(무반주 댄스)
중인타비(衆人打鼻) – 여러 사람 코 때리기
음진대소(飮盡大笑) – 술잔 한 번에 다 비우고 크게 웃기(원샷)
삼잔일거(三盞一去) – 술 석잔을 한 번에 마시기
유범공과(有犯空過) – 덤벼드는 사람이 있어도 참고 가만 있기
자창자음(自唱自飮) – 스스로 노래 부르고 마시기
곡비즉진(曲臂則盡) – 팔을 구부려 다 마시기
농면공과(弄面孔過) – 얼굴 간지러움을 태워도 (놀려도) 참기
임의청가(任意請歌) – 마음대로 노래 청하기
월경일곡(月鏡一曲) – 월경 노래 한 곡 부르기
공영시과(空詠詩過) – 시 한 수 읊기
양잔즉방(兩盞則放) – 두 잔이 있으면 즉시 비우기
추물막방(醜物莫放) – 더러워도 버리지 않기
자창괴래만(自唱怪來晩) – 스스로 괴래만을 부르기(도깨비 부르기)

스마트폰 어플로도 개발된 주령구
출처 : 스프라우트 콘텐츠 제작소

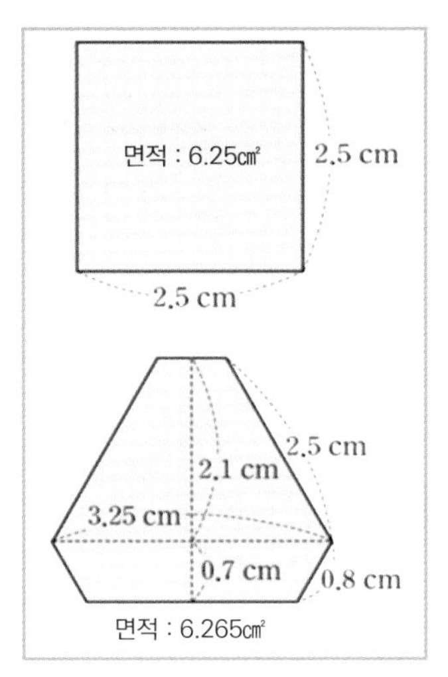

매우 과학적인 주령구

주령구는 6개의 정사각형과 8개의 육각형으로 이루어져 있습니다. 총 14면으로 이루어져 있어 1회 던졌을 때 확률을 계산해보면 (1/14)×100으로 각 면당 이론적 확률이 약 7%입니다.

여기서 재미있는 사실은 정사각형과 육각형의 모양이 달라 각 면당 노출 확률이 다를 것 같습니다만, 거의 비슷한 확률로 각 면이 나온다는 것입니다. 모양은 다르지만 면적이 비슷하기 때문인 것으로 추정됩니다.

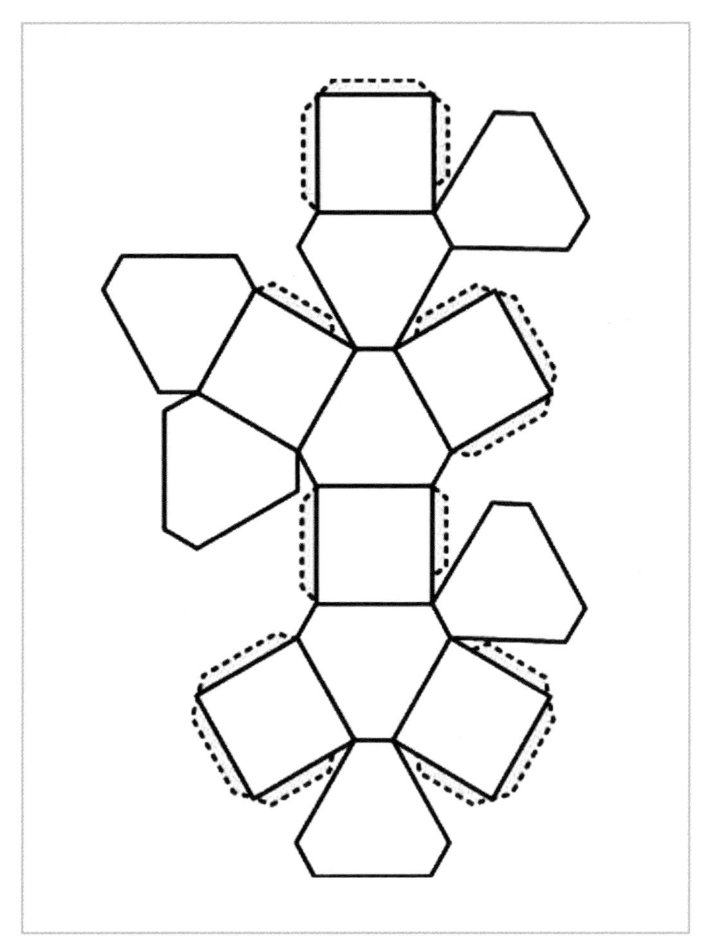

주령구 단면도

수수보리 이야기

수수보리(須須保理)는 인번(仁番)이라고도 하며, 수수허리(須須許理) 또는 수수코리라고도 불립니다. 일본에 술을 전파한 백제인으로 널리 알려져 있습니다. 당시 일본왕인 응신천황(應神天皇)의 입맛을 사로잡아 총애를 받았다고 합니다. 응신천황은 백제인이라는 설과 삼한의 왕이라는 설이 전해 내려옵니다. 수수보리는 죽은 후에 주신(酒神)으로 추앙을 받으며, 일본 교타나베시에 있는 사가신사(佐牙神社)에 모셔져 있습니다. 이와 비슷한 신사로는 마츠오대사가 있습니다. 701년 신라계 진씨(하타씨, 秦氏)가 교토에 세운 신사입니다.

이곳은 일본 전국에서 제일 높은 술의 신을 모시는 신사(神社)로, '대사(大社)'의 명칭을 받았습니다. 대사 22곳 중의 하나로 여러 천황들이 직접 참배했던 곳입니다. 또한 양조업자들 사이에서는 널리 우러러 받들어지고 있는 곳입니다.

須須許里 が	수수코리가
釀みし御酒に	만든 술에
我酔ひにけり	나는 완전히 반했네
事無酒笑酒に	마음이 여유로워지는 술, 웃음이 나는 술에
我酔ひにけり	나는 완전히 반했네

일본 응신천황이 수수보리의 술을 마시고 기분이 좋아 부른 노래입니다.

사가신사 주소

〒 610-0314 京都府京田 辺 市宮津佐牙垣 内 164 오사카 간사이공항 이용

장수왕 영조의 금주령

영조(1694년~1776년)
출처 : 국립고궁박물관

영조는 숙종의 아들로 1724년에 형인 경종의 뒤를 이어 조선의 21대 왕이 됐고, 조선의 왕 중 최장기간인 52년 동안 왕위에 있었습니다. 탕평책과 균역법으로 이름이 높은 영조는 1762년 아들 사도세자를 뒤주에 가둬 죽게 한 일로 더욱더 잘 알려져 있습니다.

조선시대 왕은 나라에 기근이 들거나 쌀농사가 흉작일 때 백성들의 고통을 덜어주기 위해 가차 없이 금주령을 내렸습니다.

영조는 술을 멀리하는 성정으로 인해 재위 내내 금주령을 지속했다고 합니다. 1724년에서 1776년까지 무려 52년의 재위기간 내내 지속된 금주령은 기방을 오가며 최고의 술을 찾던 애주가들에게는 정말 최악의 나날이었을 것입니다.

물론 제사나 행사 때는 예외로 뒀습니다. 탁주와 보리로 만든 맥주도 예외였다고 합니다. 그 외의 다른 주종으로 음주한 것이 적발되면 지위고하를 막론하고 다음과 같이 가혹한 형벌이 내려졌다고 합니다.

"술을 만드는 자는 섬에 유배 보내고, 사서 마신 경우에는 선비는 멀리 유배 보내고, 중서(中庶 : 중인과 서얼)는 수군에 배속시키며(천민 취급을 받게 됨), 일반 백성은 고을의 노비로 삼게 했다(《한국의 술문화》, 398p)."

그렇다면 정말 영조는 재위기간 동안 술을 멀리했을까요? 체질이 약골이었던 영조는 공식적으로는 술을 멀리했지만, 봄마다 생기는 싱싱한 소나무 가지 마디(송절)와 쌀로 만든 송절주를 조금씩 꾸준하게 마셨다는 이야기가 있습니다. 또한 오미자주를 좋아해서 조용히 즐겼다는 이야기도 있습니다.

우리 술 중 맑은술은 '청주'라고 불렀지만 잦은 금주령으로 술을 가까이하기 어려웠던 시기에는 '약주'라고 불렀습니다. 돈 있고 힘 있는 사람들은 약을 대신해 먹는다고 하면서 청주를 약주로 명명하고, 금주령이 내려진 기간 내내 별다른 불편 없이 술을 즐겼다고 합니다.

주사 이야기,
정인지와 세조

정인지 영정　출처 : 국립고궁박물관

조선시대 주사를 말하자면 정인지와 세조 이야기를 빼놓을 수 없습니다. 정인지는 술에 취해 왕인 세조에게 '너!'라고 부르고도 고이고이 잘살다가 노환으로 돌아가신 인물입니다.

이것말고도 정인지와 세조에 관련된 굵직한 주사가 몇 가지 있습니다. 정인지는 세조와 함께 평안도를 시찰 후 귀경길 잔치에서 풍수에 관한 이야기를 하다가 세조를 무시하는 듯한 발언을 했습니다. 풍수의 심오함을 세조는 모를 것이라고 말한 것입니다. 이에 세조는 격분했으나 원로 신하의 취중 실수니까 참아준다고 하면서 꾸짖고 넘어갔다 합니다.

정인지는 이후 더 엄청난 주사를 저지르게 됩니다. 세조의 불교 중시정책을 평소에 좋게 생각하지 않았던 정인지가 연회에서 술에 취해 세조 앞에서 불경을 간행하는 것에 대해 비판을 했던 것입니다. 세조는 잔치를 뒤엎어버리고 정인지를 의금부에 투옥해버렸습니다.

이런 정인지의 주사는 급기야 절정에 달합니다. 연회장에서 술에 취해 세조에게 "네가 그리하라는 것을 나는 그리하지 않겠다"라고 반말과 삿대질을 했다가 귀향을 다녀오기도 했습니다. 이후에도 세조를 향한 주사는 종종 있었다고 합니다. 그때마다 대신들은 정인지를 가만두면 안 된다 했으나 세조는 연로한 정인지를 어찌하지 못하고 그냥 놔두었다고 합니다.

여기서 정인지와 관련된 토막상식을 하나 말씀드리겠습니다. 한글날은 왜 10월 9일이 됐을까요? 정답은 정인지의 훈민정음 해례본 서문이, 음력 9월 상순, 즉 음력 9월 10일에 쓰였기 때문입니다. 이를 양력으로 바꾸면 10월 9일이 되며, 대한민국 정부는 1945년 10월 9일에 한글날 행사를 진행했습니다. 그리고 1949년에 공휴일로 지정됐습니다.

정약용이 정한 금주령의 예외

다산 정약용 영정
출처 : 국립고궁박물관

조선 후기의 문신으로 실학, 문학, 철학, 과학 등등 다방면에서 탁월한 업적을 남긴 다산(茶山) 정약용(丁若鏞)은 백성을 위하는 마음 또한 깊고 탁월한 진정한 위인이었습니다. 1818년(순조 18년)에 지은 지방관을 비롯한 관리의 올바른 마음가짐 및 몸가짐에 대해 기록한 행정지침서 《목민심서(牧民心書)》 진황6조(賑荒六條) 제5조 보력(補力) 편을 보면 백성을 생각하는 마음이 어떠했는지 알 수 있습니다.

糜穀 莫如酒醴 미곡 막여주례

酒禁 未可已也 주금 미가이야

곡식을 소모하는 것 중에는 술과 단술보다 더한 것이 없으니

주금(酒禁)은 하지 않을 수 없는 것이다.

술을 만들기 위해서는, 많은 식량을 소모하게 되니, 흉년에는 술 만드는 것을 엄금해야 한다고 한 것입니다. 그러나 아전들이 이를 빙자해서 약한 백성들을 괴롭히기 때문에 백성들은 더욱 더 견디기가 어렵게 된다고 적었습니다.

탁주만은 요기가 될 수 있으며 행려자들에게는 편의를 줄 수 있는 것이니 엄금할 필요가 없다면서 소주는 양조를 엄금해서 밀주(密酒)를 만드는 자를 발견했을 때는 벌금을 물리고 그 돈은 전휼하는 데 충당해야 한다고 했습니다(《목민심서》, 홍신문화사, 노태준 편역, 2012).

《목민심서》 원본 출처 : 국립중앙박물관

곡차를 즐긴 진묵대사

진묵대사 영정 출처 : 봉서사

불교에는 우바새계(優婆塞戒)라는 오계가 존재합니다. 이는 재가(在家)의 불교신자가 지켜야 할 다섯 가지의 계율입니다. 불살생계(不殺生戒), 살아 있는 것을 죽이지 말라. 불투도계(不偸盜戒), 훔치지 말라. 불사음계(不邪婬戒), 음란한 짓을 하지 말라. 불망어계(不妄語戒), 거짓말하지 말라. 불음주계(不飮酒戒), 술 마시지 말라. 이처럼 오계에 명시되어 있을 정도로 불교에서는 술을 금기로 여깁니다. 술로 인해 흐트러진 마음은 수행하는 데 전혀 도움이

되지 않기 때문일 것입니다.

그런데 이런 엄격한 계율을 보란 듯이 깨고 음주를 합법적으로 만든 스님이 조선시대에 있었습니다. 바로 도승 진묵대사(震默, 1562~1633)입니다. 진묵대사는 진묵조사, 진묵대조사라고도 불립니다. 보통 사람으로는 행하기 어려운 기행을 보인 것으로 회자됩니다. 진묵대사는 불가에서 금기시하는 술을 술이라 하지않고 '곡차'라 명명하고 즐겼다고 합니다.

그래도 막무가내로 마시는 것은 아니었나 봅니다. 사람들이 술이라고 부르면 입에도 대지 않았고, 곡차라고 불러주면 그제야 즐겨 마셨다고 합니다.

제사에는 청주를?

顯祖考學生府君神位

維(유)
歲(세)次(차)○○○○月(월)○○朔(삭)○○日(일)○○
孝(효)孫(손)○(이)○(름) 敢(감)昭(소)告(고)于(우)
顯(현)祖(조)考(고)學(학)生(생)府(부)君(군)
歲(세)序(서)遷(천)易(역) 諱(휘)日(일)復(부)臨(림) 追(추)遠(원)感(감)時(시)
不(불)勝(승)永(영)慕(모) 謹(근)以(이) 淸(청)酌(작)庶(서)羞(수)
恭(공)伸(신)奠(전)獻(헌) 尚(상)
饗(향)

제사 축문

제사 축문에 들어가는 내용 중에 청작서수(靑酌庶羞)가 있습니다. 청작서수는 맑은술과 온갖 재물, 즉 음식을 말하는 것으로 조상을 기리고 감사의 마음을 전하기 위해 소중한 것을 정성껏 올리는 마음일 것입니다. 그런데 여기서 의견이 분분한 내용이 하나 있습니다.

'청작(靑酌)'은 여러 사전이나 기록되어 있는 글에서 볼 수 있듯이 '맑은술' 또는 '깨끗한 술', 즉 청주(淸酒)를 올리는 것으로 많은 사람들이 알고 있을 것입니다. 그런데 다른 의견도 있습니다. 제사 때 올리는 술의 통칭을 '청작(靑酌)'이라 하며, 이는 상징적인 의미이니 청탁을 가리지 않고 있는 상황에 맞춰 아무 술이나 올려도 된다는 의견입니다.

어떻게 하는 게 맞는 걸까요? 답은 종묘제례에 있습니다. 조선시대 종묘제례(유네스코 세계 무형문화유산 등재)는 신관례(晨祼禮), 초헌례(初獻禮), 아헌례(亞獻禮), 종헌례(終獻禮), 음복례(飮福禮), 망료(望燎)의 순서로 진행됩니다. 이때 올리는 술은 초헌례서에는 막걸리를, 아헌례서에는 동동주를, 종헌례서에는 청주(약주)를 올리게 됩니다.

종묘제례의 내용을 보면 제사에 쓰이는 술은 막걸리나 청주나 관계없이 발효주이면 제사상에 올려도 된다고 볼 수 있겠습니다.

아직도 차례에 정종을 쓰시나요?

일본어로 마사무네(まさむね)인 정종(正宗)은 대표적인 일본의 사케 브랜드입니다. 그런데 왜 우리는 제사에 우리 술도 아닌 일본 술인 정종을 쓰고 있었을까요?

1900년대 일본이 우리나라에 주세령을 반포한 이후로 우리의 술은 점차 사라져갔습니다. 그리고 그 자리에는 일본 술들이 자리를 잡기 시작했습니다.

일본에서 많은 사케 공장들도 우리나라로 넘어왔으며, 그중에 일본 효고현에서 시작된 마사무네, 즉 정종은 부산에 자리 잡은 사케 양조장에서 생산되어 팔기 시작했습니다. 당시 정종은 우리나라에서 가장 많이 팔리는 술 중에 하나였으며 고급 청주의 대명사가 됐습니다.

제사상이나 차례상에는 좋은 것들만 올리는 게 그때나 지금이

일본에서 시판 중인 정종

나 당연한 일입니다. 따라서 그 당시 제사상에 올렸던 정종이 지금까지도 별다른 생각 없이 대를 이어 전해지면서 당연하게 전통주처럼 인식됐던 것입니다. 심지어 아직까지도 일부 사람들은 청주와 약주를 정종이라 부르고 있는 안타까운 상황입니다.

차례나 제사에 올려야 하는 술은 사케인 정종이 아니라 우리의 전통방식으로 만든 술이 좋을 것입니다.

술 마시는 예의, 향음주례

우리 조상님들은 지나치게 술을 마셔서 이성을 잃는 것을 경계했습니다. 그래서 《소학(小學)》에서부터 술 마시는 예절을 가르쳤으며, 유학이 발달하기 시작한 고려 중반 인조 때에는 술 마시며 지켜야 할 예의와 순서를 적어놓은 향음주례를 만들기

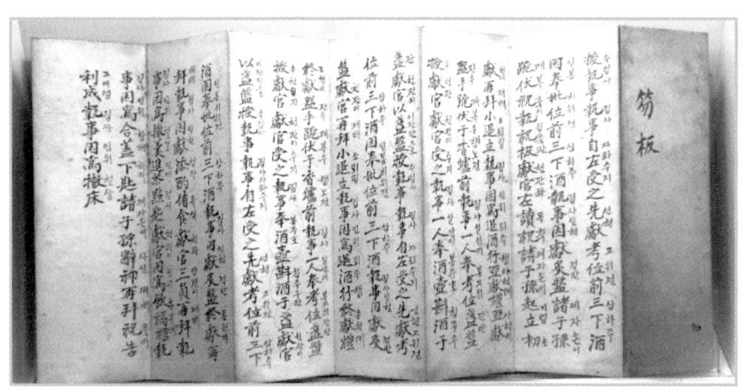

향음주례 홀기(鄕飮酒禮 笏記, 고려 인종 1136년)에서 홀기란 제례나 집회 등의 의식에서 그 진행순서를 적은 문서입니다. 향음주례 홀기에는 술 한잔을 대접하기까지의 과정이 적혀 있습니다.
출처 : 조세박물관

도 했습니다.

향음주례의 일관된 정신은 다음과 같습니다.

첫째, 의복을 단정하게 입고 끝까지 자세를 흩트리지 않는다.

둘째, 음식을 정갈하게 하고 잔을 깨끗이 한다.

셋째, 활발하게 걷고 의젓하게 서고 분명하게 말하고 조용히 침묵하는 정도가 있어야 한다.

넷째, 존경하거나 사양하거나 감사할 때마다 즉시 행동으로 표현해서 절을 하거나 말을 해야 한다.

행례 절차

1. **영빈(迎賓)** : 주인이 빈, 다시 말해 손님을 맞이하는 절차
2. **헌빈(獻賓)** : 주인이 빈에게 잔을 올리는 절차
3. **빈작주인(賓酌主人)** : 먼저 잔을 받은 빈이 감사의 의미로 주인에게 잔을 돌려 권하는 절차
4. **수빈(酬賓)** : 주인이 다시 빈에게 술을 거듭 권하는 절차
5. **주인헌개(主人獻介)** : 주인이 주빈 다음으로 큰 손님인 개에게 잔을 올리는 절차
6. **개작주인(介酌主人)** : 개가 감사의 의미로 주인에게 잔을 올리는 절차
7. **주인헌중빈(主人獻衆賓)** : 주인이 중빈들에게 잔을 올리는 절차
8. **일인거치(一人擧觶)** : 거치를 맡은 한 사람이 잔을 채워 먼저 마신 후 빈에게 권하는 절차
9. **주인영준(主人迎僎)** : 뒤에 참석한 준을 주인이 맞이하는 절차
10. **주인헌준(主人獻僎)** : 주인이 준에게 잔을 올리는 절차

11. 준작주인(僎酌主人) : 준이 주인에게 잔을 권하는 절차

12. 악빈(樂賓) : 악정이 초청한 빈을 위해 음악을 연주하는 것

13. 사정거치(司正擧觶) : 주인이 사정을 지명하고 지명된 사정은 치를 들어 기강을 살피는 절차

14. 여수(旅酬) : 여러 사람이 잔을 돌리며 수작을 하는 절차

15. 사정여수(司正旅酬) : 사정이 좌중의 수작하는 모습을 살펴보는 절차

16. 이인거치(二人擧觶) : 두 사람이 치를 들고 빈과 준에게 잔을 권하는 절차

17. 독률(讀律) : 사정이 사람을 깨우치고 경계하는 말인 '훈사'와 고을의 풍속 교화를 위한 '향약'을 낭독하는 절차

18. 철조(撤俎) : 안주를 차린 제기인 조를 치우는 절차

19. 승좌(升坐) : 다시 자리에 올라 여러 가지 음식과 술을 서로 권하며 마시는 절차

20. 빈출(賓出) : 주인이 빈을 전송하고 북을 울림으로써 향음주례가 종료됨을 알리는 절차

21. 예필(禮畢) : 모든 예를 마치는 절차

술과 낭만, 월하독작

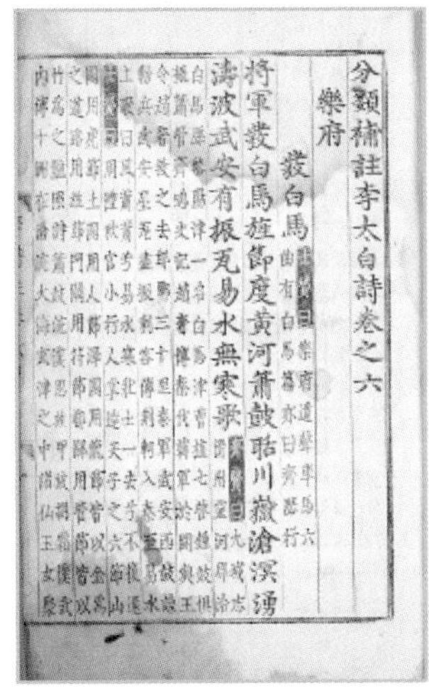
分類補註李太白詩卷之六
樂府
發白馬
將軍發白馬旌節度黃河簫鼓聒川嶽滄溟湧
濤波武安有振瓦易水無寒歌

분류보주 이태백 시
출처 : 한국중앙박물관

'시선(詩仙)'이라는 호칭을 가진 당나라 시인 이백(李白)은 이태백이라는 아호로 더 잘 알려져 있습니다. 701년에 태어나 사람들에게 신선이라 불릴 정도로 칭송을 받는 삶을 살아 많은 사람들이 술이나 먹고 시나 쓰는 편안한 삶을 살았을 것이라고 추측하지만 실상은 그렇지 않았다고 합니다.

젊은 시절 이태백은 도교에 빠져 수련을 위해 산천을 떠돌기도 했습니다. 그리고 42세에는 정치에 입문했다가 적응하지 못하고 쫓겨나 방랑생활을 했습니다. '안녹산의 난' 이후 벌어진 권력 투쟁에 자신의 의지와는 관계없이 휘말려서 유배를 가는 고초를 겪기도 했습니다.

항간에 이태백은 '술에 취한 채로 호수에 있는 달을 건지려 들어갔다 죽었다'라고 합니다만 실제로는 62세가 되는 해인 762년 친척집에서 병사했다고 합니다.

동시대를 살아간 유명한 시인인 두보(杜甫)는 이태백은 "붓을 대면 비바람도 놀랐고, 시를 쓰면 귀신을 울게 했다"라고 찬사하면서 "술 한 말에 시가 백 편"이라고 칭송했다고 합니다.

월하독작 4수 중 1수(月下獨酌 四首 中 1首)

花間一壺酒(화간일호주) 꽃 사이에 술 한 병 놓고
獨酌無相親(독작무상친) 벗도 없이 홀로 마신다.
擧杯邀明月(거배요명월) 잔을 들어 밝은 달맞이하니
對影成三人(대영성삼인) 그림자 비쳐 셋이 되었네
月既不解飮(월기불해음) 달은 본래 술 마실 줄 모르고
影徒隨我身(영도수아신) 그림자는 그저 흉내만 낼 뿐
暫伴月將影(잠반월장영) 잠시 달과 그림자를 벗하여
行樂須及春(행락수급춘) 봄날을 마음껏 즐겨보노라
我歌月徘徊(아가월배회) 노래를 부르면 달은 서성이고
我舞影零亂(아무영영란) 춤을 추면 그림자 어지럽구나
醒時同交歡(성시동교환) 취하기 전엔 함께 즐기지만
醉後各分散(취후각분산) 취한 뒤에는 각기 흩어지리니

永結無情遊(영결무정유)　정에 얽매이지 않는 사귐 길이 맺어
相期邈雲漢(상기막운한)　아득한 은하에서 다시 만나기를

월하독작 4수 중 2수(月下獨酌 四首 中 2首)

天若不愛酒(천약불애주)　하늘이 만약 술을 좋아하지 않았다면
酒星不在天(주성부재천)　주성이 하늘에 있지 않았을 게고
地若不愛酒(지약불애주)　땅이 만일 술을 사랑하지 않았더라면
地應無酒泉(지응무주천)　땅에 주천이 없어야 하리라
天地旣愛酒(천지기애주)　하늘과 땅이 이미 술을 좋아했으니
愛酒不愧天(애주불괴천)　술을 사랑함이 하늘에 부끄럽지 않구나
已聞淸比聖(이문청비성)　맑은술을 성인에 비한다는 말 이미 들었고
復道濁如賢(부도탁여현)　흐린 술은 현자와 같다고 이르는 말을 들었네
賢聖旣已飮(현성기이음)　성현과 같은 술을 이미 마시었으니
何必求神仙(하필구신선)　하필 신선을 구할 게 있는가
三盃通大道(삼배통대도)　술 석 잔 마시면 대도와 통하고
一斗合自然(일두합자연)　한 말 술은 자연의 도리와 맞다네
但得醉中趣(단득취중취)　취한 속의 즐거움을 얻으면 그만이지
勿爲醒者傳(물위성자전)　깨어 있는 사람에게 전할 생각은 말아라

월하독작 4수 중 3수(月下獨酌 四首 中 3首)

三月咸陽城(삼월함양성)　삼월의 함양성은
千花晝如錦(천화주여금)　온갖 꽃이 대낮에 비단과 같네

誰能春獨愁(수능춘독수) 누가 봄에 홀로 수심에 빠져 있으랴
對此徑須飮(대차경수음) 이 봄 맞아 일단 마셔보리라
窮通與修短(궁통여수단) 궁핍과 형통, 수명의 장단은
造化夙所稟(조화숙소품) 조물주가 일찍이 정해놓은 것이라네
一樽齊死生(일준제사생) 한 통 술에 삶과 죽음 같아 보이니
萬事固難審(만사고난심) 세상만사는 본디 알기 어려운 것
醉後失天地(취후실천지) 취하면 세상천지 다 잊어버리고
兀然就孤枕(올연취고침) 홀연히 홀로 잠에 들면
不知有吾身(부지유오신) 내 몸이 있음도 알지 못하니
此樂最爲甚(차락최위심) 이 즐거움이 최고의 즐거움이라네

월하독작 4수 중 4수(月下獨酌 四首 中 4首)

窮愁千萬端(궁수천만단) 궁핍을 겪는 근심은 천만 가지고
美酒三百杯(미주삼백배) 좋은 술도 삼백 잔
愁多酒雖少(수다주수소) 수심은 많고 술은 비록 적지만
酒傾愁不來(주경수불래) 마신 뒤에는 수심이 사라지네
所以知酒聖(소이지주성) 그래서 주성이란 뜻 알겠네
酒酣心自開(주감심자개) 얼큰히 취하면 마음이 절로 열리네
辭粟臥首陽(사속와수양) 수양산에서 곡식을 사양했던 백이숙제나
屢空飢顔回(누공기안회) 어려운 처지에 굶주렸던 안회는
當代不樂飮(당대불락음) 당대에 술이나 즐기기 않고
虛名安用哉(허명안용재) 헛된 이름 남기어 어디에 쓰려 했나

蟹螯卽金液(해오즉금액)　게와 조개 안주는 신선약이고
糟丘是蓬萊(조구시봉래)　술지게미 언덕은 봉래산이라네
且須飮美酒(차수음미주)　모름지기 좋은 술 마시고
乘月醉高臺(승월취고대)　달빛 타고 올라 누대에서 취해 보련다

앉은뱅이술, 한산소곡주

한산소곡주의 유래

백제의 궁중 술이었던 소곡주는《삼국사기》에도 등장하며, 여러 주방문에 수록되어 있을 정도로 유명한 술입니다.

소곡주에 '한산'이라는 이름이 들어간 것은, 백제 멸망 후 나라를 잃은 유민들이 백제의 부흥을 열망하며 한산의 진산인 건지산 주류산성(주류성, 周留城)에 무너진 백제를 되살려보고자 백제부흥운동을 위해 모였으며, 나라 잃은 슬픔을 달래기 위해 소복을 입고, 백제의 궁중 술인 소곡주를 만들어 마셨다 하는 데서 비롯된 것이라 합니다.

앉은뱅이술의 유래

한산소곡주는 앉은뱅이술이라 불리기도 합니다. 조선시대 한양에 과거를 보러 가던 선비가 타는 목을 축이려고 주막에 들

렀습니다. 주모가 들여온 술을 받고 한잔 마셨는데, 달고 부드러운 술맛에 반해 한잔 더, 황금빛에 매료되어 한잔 더, 여러 잔 마시다 보니 취흥이 돋아 시를 읊고 창(唱)을 하며 종일 앉아 즐기다가 일어나지 못해 결국 과거를 보러 가지 못했다고 합니다. 이때부터 사람들은 한산소곡주를 앉은뱅이술이라고 불렀다고 합니다.

이외에도 도둑이 물건을 훔치러 들어갔다가 술독에 있는 한산소곡주에 반해 계속 마시다 취해 주저앉아 못 일어났다는 이야기와 며느리가 술맛을 보다가 자기도 모르게 계속 맛을 봐 취해 못 일어났다는 이야기도 있습니다.

술을 관장하는 관청, 사온서

사온서(司醞署)는 고려시대부터 조선시대까지 이어온 궁중의 술과 감주를 관장하던 곳으로 1894년 갑오개혁 때 폐지됐습니다.

특이한 것은 조선의 조정에서는 술을 관장하는 총책임자를 두었는데, 내시부(3품 당상관)에서 1명만 임명했다는 것입니다. 왜 하필 내시였을까요?

사온서 터

조선시대 내시는 왕명전달 음식감독 창고관리 등 궁내의 생활을 관장했습니다. 분류상 음식 중의 하나인 술도 내시부에서 관리했을 것입니다.

현재 사온서 터 표석은 2016년 4월에 당시 사온서가 있던 위치(종로구 적선동)에 세워졌습니다. 이 일대는 사온서가 있었기 때문에 사온섯골이라고 불리었다고 합니다.

상상의 즐거움,
허균의 도문대작

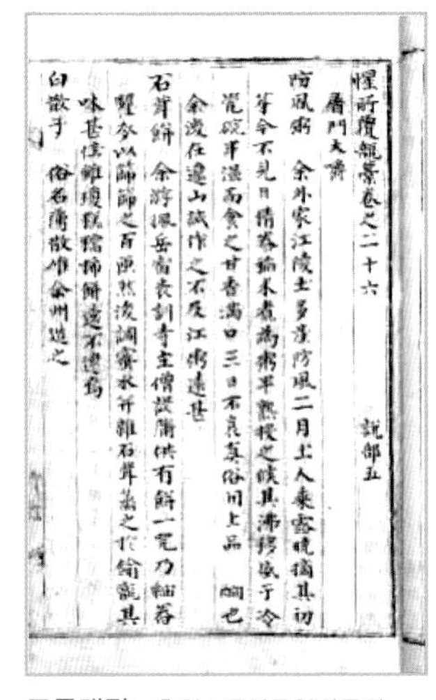

惺所覆瓿稿卷之二十六　說部五

屠門大嚼

防風粥　余外家江陵土多產防風二月土人採露晞摘其初芽舂令不見日精稻搗米煮為粥半熟投之候其沸移瓷子冷瓷碗半溫而食之甘香滿口三日不衰眞俗間上品　[illegible]也

余後在邊山試作之不及江陵遠甚

石茸餅　余游楓岳宿表訓寺主僧設齋供有餅一[illegible]乃細搗粳米以篩篩之取粉然後調蜜水并雜石茸搗之作餅甚味甚佳雖瓊糕琉璃餅遠不逮焉

白散子　俗名庸散惟金州造之

도문대작　출처 : 국립중앙박물관

조선시대 형벌로는 태형(笞刑), 장형(杖刑), 귀양(歸養), 사형(死刑) 4가지가 기본적으로 있었습니다. 이 중 귀양은 사형 다음으로 잔인한 형벌이었습니다.

일단 귀양을 가기 전에는 곤장(장형)을 맞습니다. 이거 잘못 맞았다간 귀양가기 전에 죽게 됩니다. 맞다가 안 죽어도 가다가 후유증으로 죽을 수도 있었습니다. 그래서 곤장을 돈으로 대신하는 제도도 있었습니다.

귀양은 누구나 갈 수 있는 형벌로 가산을 탕진하는 일도 생깁니다. 그러나 부자이거나 높은 관직의 사람으로 훗날이 기약되는 양반은 그야말로 휴식시간이었고 꽃길이었습니다. 귀양 가는 동안 지나는 고을마다 수령들이 버선발로 달려나와 환대하고 잘 보이려 애를 썼다고 합니다.

귀양을 가면 집주인이 주는 밥을 먹어야 합니다. 집주인이 밥이 없으면 마을 사람들이 번갈아가며 밥을 대야 했습니다. 그래서 마을 사람들은 귀양을 오는 것을 반기지 않았으며, 이 또한 여의치 않으면 구걸을 하거나 일을 해서 먹고살아야 했습니다. 《홍길동전》을 지은 허균은 조선시대 중기 문신으로 지금으로 치면 법무부장관인 형조판서를 지낸 고관대작입니다.

1611년 유배를 간 허균은 유배지에서 주는 입에 안 맞는 음식을 먹다 보니 전에 즐기던 화려한 음식과 술이 생각났습니다.
허균은 음식들을 즐겁게 먹고 마시던 때를 떠올리며, 적어나가기 시작했습니다. 병이류 11종목, 채소와 해조류 21종목, 어패류 39종목, 조수육류 6종목, 기타 차·술·꿀·기름·약밥 등과 서울에서 계절에 따라 만들어 먹는 음식 17종을 책으로 엮었으며, 《도문대작(屠門大嚼)》이라 명명했습니다. 《도문대작》은 도살장 문을 바라보며 입을 크게 벌려 씹으면서 고기 먹고 싶은 생각을 달랜다는 뜻으로, 그저 보면서 흉내내고 상상만 해도 즐겁다는 뜻입니다.

《도문대작》은 지금까지 남아 당시 음식문화가 어떠했는지 알려주는 중요한 사료가 됐습니다.

조선시대 방방곡곡 술이 넘쳐나다

조선시대 초기 홍문관 부제학 이맹현 등이 왕(성종)에게 올린 가뭄에 대한 상소를 보면 '공경(公卿, 총리·장관급)·백집사(百執事, 전체공무원)는 다 관직이 있으므로, 각각 그 직임에 이바지해야 할 터인데도, 그 직임을 버려두고 날마다 떼를 지어 마시는 것을 일삼으며 남보다 나으려고 힘쓰느라 비용은 따지지 않으며, 술은 반드시 상등술이어야 하고, 과일은 반드시 진기한 것이라야 하며, 음식은 반드시 가짓수가 많아야 하고, 그릇은 반드시 중국 것이라야 합니다'라는 내용이 있습니다. 술은 이때도 위정자들에겐 나라에 근간을 흔드는 골칫거리로 취급되고 있음을 알 수 있습니다.

이런 술이 조선 중기에 들어 임진왜란과 병자호란을 겪으면서도 더욱더 발전했습니다. 가양주 문화가 찬란하게 꽃피우며 당시 등록된 술만 600여 종에 다다를 정도였다고 합니다.

신윤복의 〈주사거배〉 출처 : 국립중앙박물관

조선 후기인 18세기에 이르러서는 한양 성안에 수천 호의 술집이 있었고, 종사자 수 또한 수만 명에 달했다는 기록이 있습니다. 당시 서울 인구가 기록상 18만 명(비공식 통계는 30만 명)이라는 통계를 근거로 계산해봐도 종사자가 수만 명이면, 대략 10명 중 1명 이상의 사람이 술관련 일에 종사하고 있었다고 유추할 수 있을 것 같습니다.

특히 긴 집권기간 동안 금주령을 실시한 영조가 죽고, 사도세자의 아들인 정조가 왕이 되면서 우리나라의 술문화는 찬란하게 부활했습니다.

이를 반증하듯 단순히 집집마다 술을 만들어 마시는 정도가 아닌 기생이 나오는 색주가, 내외주점, 목로주점, 장터의 들병이 등 다양한 술 판매 형태의 술집이 성행했습니다.

이 시기의 화백인 혜원 신윤복이나 단원 김홍도의 화제를 보면 금난전권이 폐지되면서 상업이 융성한 조선부흥기의 음주 상황을 엿볼 수 있습니다.

조선시대
술집의 종류

옛날 주막 출처 : 반월동 벽화마을

주막

숙박과 술 그리고 음식을 제공하는 곳으로 장이나 주요 길목마다 있는 중요한 장소였습니다.

내외주가(內外酒家)

늙은 과부나 쇄락한 양반가의 안주인이 생계수단으로 술을 파는 곳입니다. 손님과 대면하지 않고 팔만 내밀어 술을 건네주는 주점으로 일명 '팔뚝주점'이라고도 합니다.

목로주점(선술집)

목로라는 나무로 만든 탁자를 두고 간단히 서서 마시는 술집입니다. 일제강점기 때 서울에서 유행했으며, 일본명으로 '다치노미(たちのみ)'라 불리는데 일본인들도 애용했다고 합니다.

색주가

조선 세종 때 생긴 곳으로 명나라에 사신으로 가는 이들을 위해 주색을 베풀던 곳입니다. 조선 후기에는 기생집에 갈 여력이 안 되는 사람들이 애용했다 합니다.

기생집

사극을 보면 종종 나오는 곳입니다. 잘 차려진 주안상과 맑은 술 그리고 곱게 차려 입은 기생이 있는 술집으로, 기생들의 창과 춤을 보며, 양반들이 시를 읊던 풍류의 장이었습니다. 일제시대가 되면서 요정으로 바뀌며 아주 퇴폐적인 곳이 되어버립니다.

조선시대 기생

검무를 추는 기생 출처 : 국립민속박물관

1패 기생은 '금기'라 합니다. 약방기생이라 불리는 의녀와 궁중 내에서 대궐의 의복을 짓던 상방기생(尙房妓生)이 1패 기생인 '금기'입니다.

평상시에는 각자의 일을 궁궐 내에서 했으나 행사가 있을 때는 어전에 나가 무(舞)를 하는 일을 했습니다.

2패 기생은 '은근짜'라고 합니다. 미모가 뛰어난 기생으로 대표적인 기생은 황진이가 있습니다. 영화에서 보면 유명한 기생이 말을 타고 저잣거리를 지나갈 때 남자들이 얼굴 한 번 보려고 난리가 나는 장면이 있습니다.

지금으로 치면 2패 기생인 '은근짜'는 연예인쯤 되는 것 같습니다. 함께 술 한잔 하려면 꽤 값을 치러야 했을 것입니다.

3패 기생은 2패 기생 이외에 특별히 유명하지 않은 기생입니다. 그래도 기생집이나 가야만 만나볼 수 있는 기생입니다.

이효석의 《메밀꽃 필 무렵》에 나오는 들병이도 술과 접대 도구들을 들고 다니는 여인입니다. 기생집이나 주점처럼 일정한 장소가 있는 것이 아닌 장터나 길바닥 같은 곳에서 술을 판매했습니다.

조선 최초 기생양성소 : 평양 기생학교

조선 기생학교 출처 : 국립중앙박물관

격변의 시간을 맞이하고 있던 구한말, 평양에 조선 최초로 기생학교(기성권번 부속 기생양성소)가 세워졌습니다.

구한말 평양이 속한 평안도는 중국과 국경을 맞대고 있는 북방이었기 때문에 군사적으로 중요한 위치며, 활발한 교역의 중심지였습니다. 당연히 향락의 중심지였을 것이며, 관계 인력도 많이 필요했을 것입니다.

이 기생학교에는 나이가 13세에서 15세 사이인 여성 250여 명이 기숙하며 수업을 들었다 합니다.

1학년 때는 가곡, 서화, 수신, 창가, 조선어, 산술, 국어를 배우고, 2학년에는 우조, 시조, 가사, 조선어, 산술, 서화, 수신, 창가, 무용을 배웠습니다. 3학년에는 가사, 무용, 잡가, 창가, 일본노래, 동서음악, 서화, 수신을 배웠다고 합니다.

교육과정을 보시면 아시겠지만, 조선의 기생은 품위가 있고 풍류를 아는 집단으로 지금으로 치면 연예인에 속하는 직군이었을 것입니다.

수원 기생만세운동

原籍京城府
現住京畿道水原郡水原面南水里二〇二
【金김 杏향 花화】(二十三才)

技藝
釰舞、僧舞、各呈才舞、歌詞、詩調、
京城雜歌、西關俚謠、楊琴

水原組合

百計留春ᄒᆞ되春不留人ᄒᆞ고萬金惜花ᄒᆞ되花不惜人ᄒᆞ야把我綠鬢紅袖ᄒᆞ야一直蹉跎了兩十光陰이로다誰道歌曲이能解愁오歌曲是一生的業寃이로다

본ᄃᆡ경셩생장으로、화류간의몸이되야、삼오청춘지넛구나、가자가자구경가자、슈원산천구경가자、슈원이라ᄒᆞᄂᆞᆫ곳도、풍류과편셜립ᄒᆞ야、기생조합인홈ᄭᅴ네、일로부터김향화도、그곳몸이되얏세라、검무승무정저숌과、가사우조경셩잡가、서관소리양금치기、막힐것이바이업고、기름ᄒᆞᆫ듯그얼골에、숙은세가운치잇고、탁셩인듯그목청은、이원생이구숌ᄒᆞ며、법시동々숌동키요、승질순화귀엽더라

수원 기생만세운동의 주모자 김향화
출처 : 수원박물관

기생조합결성

기생들의 조직은 1909년 관기제도(官妓制度)가 폐지된 후 지방의 기생들이 서울로 상경하면서 생겨나기 시작했습니다. 1913년에 서도지역(西道地域) 출신의 기생들이 다동조합(茶洞組合)을 구성했는데, 조합원 수가 약 30여 명에 이르렀습니다. 여기에 대항해서 서울 출신과 남도 출신 기생들이 모여 광교기생조합(廣橋妓生組合)을 구성했습니다. 이 조합은 1914년부터는 이름을 권번

(券番)으로 바뀌서 한성조합(漢城組合)은 한성권번(漢城券番), 다동조합(茶洞組合)은 다동권번(茶洞券番)으로 불렀습니다. 이 당시에 있었던 권번은 한성권번(漢城券番), 대동권번(大同券番), 경천권번(京川券番), 조선권번(朝鮮券番) 등이 있었습니다.

각 권번에는 1번수(番首), 2번수, 3번수의 우두머리들이 있으며, 그 외에 연령에 따라 선후배의 위계질서를 이루고 있고 서로 나이에 따라 한 살 위면 '언니' 두 살 위면 '형님' 다섯 살 위면 '아주머니'라고 불렀습니다. 또한 권번의 입회금은 10~20원이며 매월 50전의 회비를 납부했습니다(자료 출처 : 문화재청).

수원 기생만세운동

1919년 3월 29일, 수원 기생조합 소속의 기생 일동은 검진을 받기 위해 자혜병원에 가던 중 경찰서 앞에 이르러 만세를 부르고 병원에 가서도 만세를 불렀습니다. 이들은 병원에서 검진을 거부하고, 다시 경찰서 앞에 와서 '독립만세'를 부르고는 헤어졌습니다. 주모자 기생 이름은 김향화(金香花)인데, 그 후 그녀는 6개월의 형을 언도 받았습니다.

단속을 피해야 한다, 밀주독

1907년 조선총독부 '주세령세칙(시행규칙)' 공표로 시작된 밀주 단속은 해방이 되고 정권이 바뀌어도 지속됐습니다. 특히 양조장의 매출이 줄어들고 주세 수입이 떨어질 때마다 정부는 원인을 밀주로 돌려 대대적인 단속을 시행했습니다.

술을 사서 마실 돈조차 없어서 몰래 술을 만들어 마시던 시골 농민들은 단속에 걸려 곤욕을 치르기도 했습니다.

'술 치로 왔다'는 말은 세무서에서 밀주 단속을 나왔다는 것입니다. 시골집에서 만드는 술은 명절이나 다달이 다가오는 제사, 집안 경조사 때나 농사일할 때 빠질 수 없는 음식이었습니다. 하지만 현금 만지기가 힘든 시골에서 일일이 양조장 막걸리를 사서 먹기는 쉽지 않았을 것입니다. 그래서 시골집에서 술을 만드는 것은 흔한 일이었습니다.

동네 입구 쪽에 있는 집은 운이 좋게 단속을 피하는 경우가 간

혹 있었는데, 이유는 첫 집에서 시간을 끌다가 단속 정보가 나가면 다른 집들은 적발하기가 쉽지 않기 때문입니다.

'술 치로 왔다'는 소문이 담장을 넘고 골목골목으로 퍼지면 온 동네는 초비상입니다. 술독은 대밭이나 은밀한 장소로 옮겨지고 아예 대문을 잠그고 집을 비우거나 금줄을 치는 경우도 있었습니다.

금줄이 쳐진 집은 아기를 낳은 집이니 출입을 삼가달라는 표시입니다. 금줄이 걸린 집은 아무리 가까운 친인척도 삼칠일(21일) 동안 출입이 금지됐습니다.

그 시절 단속반의 눈속임용으로 만들어진 술독도 있었습니다. 그냥 외관으로 볼 때 일반 독과 똑같이 생겼고, 독 뚜껑을 열면 멸치젓독으로 보이도록 만들어졌습니다. 하지만 뚜껑이 2중 구조로 되어 있어 멸치젓을 살짝 들어올리면 그 아래 술이 들어 있는 구조로 단속을 피할 수 있는 술독이었습니다. 2중 뚜껑은 젓갈독, 김치독, 간장독 등 여러 형태의 독이 있었습니다.

단속을 피하기 위해 만든 밀주독 출처 : 제주술박물관

조선주조주식회사

조선주조주식회사 재현
출처 : 군산근대역사박물관

찬란했던 조선시대의 가양주 문화를 지나 일제강점기에는 등록된 업체만 술을 만들 수 있었습니다. '조선주조주식회사'는 이 규정에 의해 나타나게 된 주조회사입니다.

일본의 전통주 면허정책 및 과다세금부과로 가양주나 소규모 주조는 점차 밀주화로 불법이 됐으며, 양조업과 판매업이 분리되어 양조산업과 주류판매상이 등장했습니다.

술 만드는 모습　출처 : 군산근대역사박물관

다양한 술병들　출처 : 군산근대역사박물관

박물관에 전시되어 있는 1930년대 우리나라의 다양한 술병들을 보면, 전통적인 우리의 술병 외에 일본의 도쿠리(德利)를 연상하게 하는 병도 있습니다. 대체로 병들이 모양은 참 예쁩니다만 세척하는 것은 어려워 보입니다.

술을 만드는
독특한 방법

강원필의 〈선유미인도〉
출처 : 국립중앙박물관

미인주

고대 문헌 중에서 발견되는 주조방식 중 특이한 방식이 하나 눈에 띕니다. 바로 씹어서 술을 만든다는 것입니다. 누가 어떻게 이 방식을 발견했는지는 모르지만, 자연 발효 방식 외에 대안이 없던 옛날에는 놀라운 기술이 아니었을까 생각합니다.

우리나라 문헌에 보면 "곡물을 씹어서 술을 만드는데 능히 취할 수 있다(위서물길국전, 緯書勿吉國傳)"라고 적혀 있습니다. 《지봉유설(芝峰類說)》에는 '유구국 처녀들이 바닷물로 입을 헹궈내고 쌀을 씹어 술을 만들었다'고 일일주를 만드는 방법을 소개하고 있습니다. 여기서 유구국은 지금의 오키나와입니다. 일본에 합병되기 전까지 해상무역의 중심지였던 하나의 나라였습니다.

또한 일본에서 전해내려오는 입으로 술을 만드는 것에 대한 이야기도 있습니다. '시미즈 세이찌'라는 일본사람이 젊어서 절에서 수행하며 원숭이와 친하게 지냈는데 원숭이들이 몰래 술을 만들어 먹는다는 사실을 알고 놀랐다고 합니다. 원숭이들은 산에 있는 도토리와 머루를 입으로 씹어서 일정한 장소에 두면 술이 된다는 걸 알고 기다렸다가 마셨다는 것입니다.

이 방식은 일본뿐만이 아니라 벌꿀을 입에 머금었다 벌꿀술을 만든 바이킹, 옥수수를 씹었다 뱉어서 술을 만드는 잉카제국 등 여러 고대 국가 및 지역에서 과일을 단순 방치해서 술을 만드는 방식보다 진일보된 방식으로 술을 만들었습니다.

그리고 입으로 술을 만드는 방식의 최초 기록은 문헌 연도상 최초로 기록이 있는 것은 캄보디아로 확인이 되며, 이 술은 일본 일부 지역에서는 제사용 술로 아직도 만들어지고 있다 합니다.

러시아의 술, 크므즈
출처 : 위키디피아

아이락(마유주)

유목민들도 사람이기에 기호식품인 술이 필요했을 것입니다. 그러나 풀만 무성하게 자라 있는 푸른 초원에서 마실 물도 구하기 쉽지 않았을 텐데 술을 마신다는 것은 어려운 일이었을 겁니다. 그러나 위대한 인류는 어떤 상황에서도 원하는 것을 만들어내고야 맙니다.

술이 마시고 싶었던 유목민들은 물 대신 마시던 동물의 젖을 이용해 술을 만들어 먹었습니다. 열심히 짜낸 동물의 젖을 가죽 가방 안에 넣고 나무막대기로 수천 번 저어서 1차 발효를 하게 됩니다. 이후 가죽가방을 말 안장에 올려 사람이 그 위에 올라앉아 말을 타게 되면 안락한 쿠션 효과를 볼 수 있으며, 올라탄 사람의 체온으로 왕성한 후발효가 이루어져 매우 높은 영양분을 가진 술이 됩니다. 물론 동물의 젖에는 술로 변할 수 있는 당이 그리 많지 않기 때문에 낮은 알콜 도수의 술이 만들어집니다. 이렇게 만들어진 '아이락'은 물이라고는 찾아보기 힘든 사막과 초원에서 쉽게 변질되지 않는 안전한 음료이자 술이었습니다.

그리고 더 알코올 도수가 높은 술을 원할 때는 아이락을 증류해서 높은 알코올 도수의 술을 마시기도 했습니다. 이렇게 동물의 젖을 발효해 증류한 술의 이름을 '시밍 아르히'라고 부릅니다. 현재도 몽골인들에겐 동물 젖으로 만든 술인 아이락이 전통적으로 만들어지고 있으며, 그들의 삶의 터전인 게르에 가면 맛볼 수 있다고 합니다. 다만 처음 먹는 사람들은 설사를 할 수 있으니 주의하셔야 합니다.

술과 음악

클래식 음악으로 발효시킨 프리미엄 청주
출처 : 단장 양조장

얼마 전 공중파 방송에서 상추를 시끄럽게 키우는 청년을 소개한 적이 있습니다. 헤비메탈을 좋아하는 청년은 자신이 키우는 상추와 함께 헤비메탈을 종일 듣고 있었습니다.

인터뷰 내내 헤비메탈을 틀어놓고 즐거워하던 청년은 헤비메탈을 안 들려줄 때보다 상추가 반 이상이 더 크게 자랐다고 자랑스럽게 이야기하고 있었습니다.

음악이 식물재배나 미생물들에게 영향을 준다는 것은 이미 오래전부터 전해내려오고 실험으로도 증명된 이야기입니다.

밀양에 있는 단장 양조장에서는 발효 시에 클래식을 들려준 술을 판매한다고 합니다. 발효 시에 클래식을 들려주지 않은 술과는 어떤 차이가 있을지 비교해보는 것도 재미있을 것 같습니다.

세시풍속과 술

1월 설날 도소주

1월 설날에 마시는 도소주(屠蘇酒)는 사악한 기운을 잡는 술이라는 뜻으로 중국의 명의 '화타'가 개발한 술이라고 합니다.

새해 첫날 사기와 질병을 몰아내고 한 해의 건강을 기원하기 위해 가족 모두 마시는 술로 이름이 소주이지만, 증류주인 소주가 아닌 청주입니다. 약재를 넣고 끓여 알코올이 거의 날아간 저도주입니다.

《동의보감(東醫寶鑑)》에서는 도소음(屠蘇飮)이라 해서 "백출, 대황, 도라지, 천초, 계심, 호장근, 천오를 손질해서 베주머니에 넣어서 섣달 그믐날에 우물에 넣었다가 1월 1일 이른 새벽에 꺼내어 청주 두 병에 넣어 두어 번 끓인 후, 남녀노소 할 것 없이 동쪽을 향해서 한 잔씩 마시고 그 찌꺼기는 우물 속에 넣어 두고 늘 그 물을 퍼서 음용한다"라고 적고 있다.

1월 : 정월대보름날 이명주
정월대보름날 아침에 마시는 귀를 밝히는 술

2월 : 노비를 위한 술
노비날에 일꾼들의 사기를 북돋는 술

3월 : 두견주
삼짇날이면 피는 진달래로 담근 술

4월 : 한식일 술
한식날 제사에 쓰던 술

5월 : 농주
농사일이 한창 바쁠 때 마시던 술

6월 : 유두주
유두날에 머리를 감고 마시던 술

7월 : 호미씻기술
백중날에 곡식이 잘 자란 집 머슴에게 주던 술

8월 : 한가위 술
햇곡식으로 만든 차례 술

9월 : 국화주
중양절(매년 9월 9일)에 마시던 국화와 구기자로 만든 술

10월 : 시제 술
사람들이 시제를 지내고 마시던 음복 술

11월 : 동지 술
동짓날 팥죽과 함께 먹던 악귀 쫓는 술

12월 : 납제(臘祭) 술
쉰밥과 화입법

납제(臘祭)는 동지(冬至)로부터 세 번째 미일(未日)인 납일(臘日)에 백신(百神)에게 지내는 제사입니다.

납제주(臘祭酒)는 백신에게 한 해의 농사를 보고하고 만들던 술로 랍주(臘酒)라고도 합니다. 섣달에 만들고 납월 중순경부터 말일까지 마시는 한 해를 마무리하는 술로 지금으로 말하면 송년회 전용 술 정도로 볼 수 있을 것 같습니다(음력 기준).

납제주의 특이한 점은 술을 만드는 데 쉰밥이 들어간다는 것입니다. 이는 여느 주방문에도 볼 수 없는 레시피로 먹기는 어렵고 버리기도 아까운 잔반을 사용해 만든 술이라는 의미가 있습니다.

임원십육지(林園十六志, 1827년)와 농정회요(農政會要, 1830년)의 주방문을 보면, "찹쌀 2석, 물 200근, 누룩 40근, 쉰밥 2말 또는 멥쌀 2말로 밥을 짓고 발효시켜 그 맛이 짙고 매워지면 납월 중에 만들어 익을 때 채주한 청주를 병에 담고 성근 대바구니 2개에 번갈아가며 술병을 두고 끓는 물에 넣어 끓는 물과 같이 끓으면 꺼낸다"라고 적혀 있습니다.

여기서 중요한 것은 화입법(火入法)이 등장한다는 것입니다. 발효주의 저장성을 높이는 이 기술은 1864년 고안된 루이 파스퇴르의 저온살균법보다 앞선 우리 조상들의 지혜인 것입니다. 이와 유사한 술로는 주식방(酒食方, 高大閨壼要覽)에 있는 '노산춘(魯山春)'이 있습니다.

정월에 한 번?
귀밝이술

귀밝이술 천비향과 부럼

음력 정월 보름날 이른 아침 눈을 뜨자마자 꼭 해야 하는 일 두 가지가 있습니다. 첫 번째는 '부럼'으로 한 해 부스럼이 없기를 기원하며 땅콩과 호두를 입으로 깨는 것이며, 두 번째는 '귀밝이술' 마시기입니다. 데우지 않은 청주를 한잔하면 귀가 밝아지며 한 해 동안 좋은 일이 많이 생긴다고 합니다.

맑은술일수록 귀가 더 밝아진다고 하며, 술을 못 마시는 사람들이나 아이들도 한 잔씩 마셨다고 합니다.

관련되거나 비슷한 내용이 수록된 문헌으로는《동국세시기(東國歲時記)》, 중국의《해록쇄사(海錄碎事)》등이 있습니다.

귀밝이술의 다른 이름으로는 유롱주(牖聾酒, 동국세시기), 치롱주(治聾酒, 해록쇄사), 청이주(聽耳酒), 이총주(耳聰酒), 명이주(明耳酒), 총이주(聰耳酒) 등이 있습니다. 귀밝이술은 따로 만드는 술이나 제법이 없으며, 집에 있는 맑은 청주를 나누어 먹습니다.

최악의 주도는 안주만 먹기, 주국헌법

酒國憲法

술의 나라 헌법 〈별건곤(別乾坤)19호 : 1929년 2월 1일 발행〉 별건곤은 일제시대에 유행하던 월간지

출처 : 《한국의 술문화2》, 이상희, 도서출판선, 2009

여가 일반 국민(麴民)의 음복(飮福)을 증진하고 국가(麴價)의 융창(隆昌)을 도(圖) 하며 세계평화를 영원유지하기 위하여 자(玆)에 주국헌법(酒國憲法)을 발포하노라.

제21조 하기(下記)에 해당한 자는 주국(酒國)의 십불출(十不出)로 인정함.

1. 술 잘 안 먹고 안주만 먹는 자
2. 남의 술에 제 생색내는 자
3. 술잔 잡고 잔소리만 하는 자
4. 술 먹다가 딴 좌석에 가는 자

5. 술 먹고 따를 줄 모르는 자

6. 상갓집 술 먹고 노래하는 자

7. 잔칫집 술 먹고 우는 자

8. 남의 술만 먹고 제 술 안 내는 자

9. 남의 주석(酒席)에 제 친구 데리고 가는 자

10. 찬회주석(宴會酒席)에서 축사 오래 하는 자

술 먹기 고수가 있다, 주도유단

조지훈 예술제 팜플렛 출처 : 영양군

조지훈 1956년 3월 〈신태양〉에 기고한 수필 '술은 인정이라' 中

술을 마시면 누구나 다 기고만장하여 영웅호걸이 되고 위인 현사(賢士)도 안중에 없는 법이다. 그래서, 주정만 하면 다 주정이 되는 줄 안다. 그러나, 그 사람의 주정을 보고 그 사람의 인품과 직업은 물론, 그 사람의 주력(周歷)과 주력(酒力)을 당장 알아낼 수 있다. 주정도 교양이다. 많이 안다고 해서 다 교양이 높은 것이 아니듯이 많이 마시고 많이 떠드는 것만으로 주격(酒格)은 높아지지 않는다. 주도(酒道)에도 엄연히 단(段)이 있다는 말이다.

첫째, 술을 마시는 연륜이 문제요, 둘째, 술을 마신 친구가 문제요, 셋째, 마신 기회가 문제며, 넷째, 술을 마신 동기, 다섯째, 술버릇 이런 것을 종합해보면 그 단의 높이가 어떤 것인지를 수 있다.

0급 척주(斥酒) : 술을 아예 못 마시는 사람
9급 부주(不酒) : 술을 아주 못 먹지는 않으나 안 먹는 사람
8급 외주(畏酒) : 술을 마시긴 마시나 술을 겁내는 사람
7급 민주(憫酒) : 마실 줄도 알고 겁내지도 않으나 취하는 것을 민망하게 여기는 사람
6급 은주(隱酒) : 마실 줄도 알고 겁내지도 않고 취할 줄도 알지만 돈이 아쉬워 혼자 숨어 마시는 사람
5급 상주(商酒) : 마실 줄 알고 좋아도 하면서 무슨 잇속이 있을 때만 술을 내는 사람
4급 색주(色酒) : 성생활을 위해 술을 마시는 사람
3급 수주(睡酒) : 잠이 안 와서 술을 먹는 사람
2급 반주(飯酒) : 밥맛을 돕기 위해서 마시는 사람
1급 학주(學酒) : 술의 진경(眞境)을 배우는 사람(酒卒)
1단 애주(愛酒) : 술의 취미를 맛보는 사람(酒徒)
2단 기주(嗜酒) : 술의 진미에 반한 사람(酒客)
3단 탐주(耽酒) : 술의 진경을 체득한 사람(酒豪)
4단 폭주(暴酒) : 주도(酒道)를 수련(修鍊)하는 사람(酒狂)
5단 장주(長酒) : 주도 삼매(三昧)에 든 사람(酒仙)
6단 석주(惜酒) : 술을 아끼고 인정을 아끼는 사람(酒賢)
7단 낙주(樂酒) : 마셔도 그만 안 마셔도 그만, 술과 더불어 유유자적하는 사람(酒聖)
8단 관주(觀酒) : 술을 보고 즐거워하되 이미 마실 수는 없는 사람(酒宗)
9단 폐주(廢酒) : 술로 말미암아 다른 술 세상으로 떠나게 된 사람(열반주, 涅槃酒)

고문헌 속 전통주의 분류

이름이 같아도 제조법이 다양한 전통주
출처 : 제주술박물관

일제강점기 이전 조선의 전통술들은 일부 상업적인 판매를 위한 술 외에 가양주의 형태가 대부분이었습니다. 당연히 지금처럼 광고가 크게 되지 않았을 것이고 그저 입소문으로 유명해진 술들만 사람들이 기억하고 있었을 것입니다.

또한 여러 주방문들을 보면 같은 이름의 술이라 하더라도 제조자의 상황에 따라 제조방법이 현격하게 차이나는 경우가 많았습니다. 다른 이름으로 불린 술이 제조방법에서 큰 차이가 나지 않는 경우도 많았습니다.

이러한 전통주의 종류를 정리해보기 위해 참조할 수 있는 책들 중 가장 신뢰가 가는 서적 중에 하나인《임원십육지(林園十六志)》의 분류법에 기준해서 다음과 같은 규칙을 가지고 분류해 볼 수 있습니다.

특성에 따른 분류

《임원십육지》의 분류법에 따라 특성별로 분류하는 방법으로 이 때 구분의 요체가 되는 것은 제조방법 및 주질의 특성입니다.

1. **청주(淸酒)** : 지주·대중적 약주로 3번 미만 덧술했거나, 숙성 기간이 길지 않은 약주류입니다. 일반약주, 백하주, 황은주, 부의주, 소곡주, 녹파주, 벽향주, 청명주, 식탁주, 동정춘 등이 있습니다.
2. **춘주(春酒)** : 3번 이상 덧술했거나 적절한 냉장 저장 기간을 거친 고급 약주입니다. 일반적으로 저장 기간이 100일을 넘지 않는 호산춘, 삼해주, 백일주, 약산춘, 시마주, 법주 등이 있습니다.
3. **홍주(紅酒)** : 홍국을 사용한 술로 누룩이 특이하다. 천대홍주가 있습니다.
4. **이양주(異釀酒)** : 특이한 방법으로 담근 술을 총칭하는 것입니다. 수냉식 저온 발효법으로 담근 청서주, 생대나무 속에

서 발효시킨 죽통주, 생소나무 속에서 발효시킨 와송주 등이 있습니다.

5. **가향주(加香酒)** : 꽃잎이나 방향성 식물을 사용해서 만든 술로 민자약주를 만드는 방법과 유사하나 향미를 내는 재료를 사용하는 것이 다름. 도화주(복숭아꽃), 송화주(송화), 송순주(송순), 하엽청(연잎), 두견주(진달래) 등이 있습니다.

용도에 따른 분류

1. **상용주(常用酒)** : 연중 상시 음용하는 술로써 대부분의 약주가 포함됩니다.
2. **약미주(藥味酒)** : 약효를 도모하고 약재의 효능과 맛이나 향이 주질 특성의 중요한 차이점입니다.
3. **기능주(機能酒)** : 목욕술, 맛술 등 특이한 목적에 이용되는 술입니다.
4. **세시주(歲時酒)** : 세시풍속에 따라 담그는 술로 대보름의 귀밝이술이나 청명주, 단오날의 창포주 등이 있습니다.

- 출처 : 제주술박물관

술 만드는 횟수에 따른 술의 분류

한 번 만드는 술(단양주 : 單釀酒)

우리 술은 만드는 횟수에 따라 분류하기도 하는데, 한 가지 술을 여러 번 걸쳐 나누어 만드는 술을 '중양주'라고 합니다. 이렇게 술을 여러 번 걸쳐 나누어 만들다 보면, 술맛이 깊고 부드러우며 향이 어우러져 마시기 좋은 술이 된다. 따라서 술 만드는 횟수를 거듭할수록 고급 주류라고 할 수 있습니다.

반대로 술 만들기를 한 번으로 그치는 술을 '단양주'라고 하며, 중양주에 비해 맛과 향은 떨어지지만 중양주에 비해 저렴한 가격으로 서민들이 즐겼습니다. '동동주'로 지칭되는 '부의주'가 대표적인 술이며, 속성으로 만들면 속성 단양주, 방문(方文)대로 익히면 일반 단양주라고 합니다.

두 번 만드는 술(이양주 : 二釀酒)

속성주와 단양주를 재차 단양주를 만들 때와 같은 방법으로 덧술을 하거나, 고두밥과 물, 아니면 고두밥만으로 덧술을 해서 만들고 발효 숙성시킨 술을 '이양주'라고 합니다. 그러니까 술을 두 번 담갔다고 하는 뜻인데, 우리의 술 만드는 방법 가운데 가장 많은 종류의 술이 이양주법을 취하고 있습니다. 이러한 이양주는 일반 이양주와 속성 이양주로 나눌 수 있는데, 일반 이양주는 덧술의 발효기간이 10일 이상의 술을 말하며, 속성 이양주는 밑술과 덧술을 합해 발효 기간이 10일 이내인 술을 가리킵니다.

세 번 만드는 술(삼양주 : 三釀酒)

우리의 술 만들기는 속성주법, 단양주법, 이양주법, 삼양주법 등 술을 만드는 방법에 따라 분류하는데, 삼양주법은 자전 풀이 그대로 세 번에 걸쳐 만든다는 뜻입니다. 삼양주법의 술 만들기는 세 가지 목적을 위해서입니다.

첫째는 술맛을 좋게 하려는 목적입니다. 삼양주는 그 맛이 부드럽고 순하게 느껴져, 소위 '깊은 맛'을 더해줍니다.

둘째는 향이 깊어집니다. 같은 삼양주라도 술 만드는 방법에 따라 다르긴 하지만, 삼양주에서 느끼는 방향은 인위적으로 첨가하는 것과는 견줄 수 없는 '맛있는 향기'로써 우리 고유의 곡주에서 만 느낄 수 있습니다.

셋째는 술의 빛깔 때문입니다. 삼양주는 맑고 밝은 황금색을

떱니다. 좋은 술이란 부드럽고 순한 맛과 향기 외에 술 빛깔이 맑아야 합니다.

그런 의미에서 춘주류(春注類)는 삼양주의 대표적인 술이라 할 수 있습니다. 춘주란 '고급 청주'라는 의미로 세 번 담근 술이라는 뜻도 담고 있습니다.

- 출처 : 제주술박물관

주세법상
술의 분류

법률 제17762호 주류의 종류별 세부 내용(제5조 제2항 관련) 중 우리 술 관련 주종 분류는 다음과 같습니다.

탁주

1) 녹말이 포함된 재료(발아시킨 곡류는 제외한다), 국(麴) 및 물을 원료로 하여 발효시킨 술덧을 여과하지 아니하고 혼탁하게 제성한 것
2) 녹말이 포함된 재료(발아시킨 곡류는 제외한다), 국(麴), 다음의 어느 하나 이상의 재료 및 물을 원료로 하여 발효시킨 술덧을 여과하지 아니하고 혼탁하게 제성한 것
   가) 당분
   나) 과일·채소류
3) 1) 또는 2)에 따른 주류의 발효·제성 과정에 대통령령으로

정하는 재료를 첨가한 것

약주

1) 녹말이 포함된 재료(발아시킨 곡류는 제외한다), 국(麴) 및 물을 원료로 하여 발효시킨 술덧을 여과하여 제성한 것
2) 녹말이 포함된 재료(발아시킨 곡류는 제외한다), 국(麴), 다음의 어느 하나 이상의 재료 및 물을 원료로 하여 발효시킨 술덧을 여과하여 제성한 것
   가) 당분
   나) 과일·채소류
3) 1) 또는 2)에 따른 주류의 발효·제성 과정에 대통령령으로 정하는 재료를 첨가한 것
4) 1)부터 3)까지의 규정에 따른 주류의 발효·제성 과정에 대통령령으로 정하는 주류를 혼합하여 제성한 것으로서 알코올분 도수가 대통령령으로 정하는 도수 범위 내인 것

청주

1) 곡류 중 쌀(찹쌀을 포함한다), 국(麴) 및 물을 원료로 하여 발효시킨 술덧을 여과하여 제성한 것 또는 그 발효·제성 과정에 대통령령으로 정하는 재료를 첨가한 것
2) 1)에 따른 주류의 발효·제성 과정에 대통령령으로 정하는 주류 또는 재료를 혼합하거나 첨가하여 여과하여 제성한

것으로서 알코올분 도수가 대통령령으로 정하는 도수 범위 내인 것

과실주

1) 과실(과실즙과 건조시킨 과실을 포함한다. 이하 같다) 또는 과실과 물을 원료로 하여 발효시킨 술덧을 여과하여 제성하거나 나무통에 넣어 저장한 것
2) 과실을 주된 원료로 하여 당분과 물을 혼합하여 발효시킨 술덧을 여과하여 제성하거나 나무통에 넣어 저장한 것
3) 1) 또는 2)에 따른 주류의 발효·제성 과정에 과실 또는 당분을 첨가하여 발효시켜 인공적으로 탄산가스가 포함되게 하여 제성한 것
4) 1) 또는 2)에 따른 주류의 발효·제성 과정에 과실즙을 첨가한 것 또는 이에 대통령령으로 정하는 재료를 첨가한 것
5) 1)부터 4)까지의 규정에 따른 주류에 대통령령으로 정하는 주류 또는 재료를 혼합하거나 첨가하여 제성한 것으로서 알코올분 도수가 대통령령으로 정하는 도수 범위 내인 것
6) 1)부터 5)까지의 규정에 따른 주류의 발효·제성 과정에 대통령령으로 정하는 재료를 첨가한 것

소주(불휘발분이 2도 미만이어야 한다)

1) 녹말이 포함된 재료, 국과 물을 원료로 하여 발효시켜 연속

식증류 외의 방법으로 증류한 것. 다만, 다음의 어느 하나에 해당하는 것은 제외한다.

가) 발아시킨 곡류(대통령령으로 정하는 것은 제외한다)를 원료의 전부 또는 일부로 한 것

나) 곡류에 물을 뿌려 섞어 밀봉·발효시켜 증류한 것

다) 자작나무숯(다른 재료를 혼합한 숯을 포함한다. 이하 같다)으로 여과한 것

2) 1)에 따른 주류의 발효·제성 과정에 대통령령으로 정하는 재료를 첨가한 것

일반증류주(불휘발분이 2도 미만이어야 한다)

다음 중 어느 하나에 해당하는 것으로서 제1호 또는 제3호 가목부터 다목까지의 규정에 따른 주류 외의 것. 다만, 6)부터 10)까지의 규정에 따라 첨가하는 재료에 과실·채소류가 포함되는 경우에는 과실·채소류를 발효시키지 아니하고 사용하여야 한다.

1) 수수 또는 옥수수, 그 밖에 녹말이 포함된 재료와 국을 원료(고량주지게미를 첨가하는 경우를 포함한다)로 하여 물을 뿌려 섞은 것을 밀봉하여 발효시켜 증류한 것

2) 사탕수수, 사탕무, 설탕(원당을 포함한다) 또는 당밀 중 하나 이상의 재료를 주된 원료로 하여 물과 함께 발효시킨 술덧을 증류한 것

3) 술덧이나 그 밖에 알코올분이 포함된 재료를 증류한 주류에 노간주나무열매 및 식물을 첨가하여 증류한 것
4) 주정이나 그 밖에 알코올분이 포함된 재료를 증류한 주류를 자작나무숯으로 여과하여 무색·투명하게 제성한 것
5) 녹말 또는 당분이 포함된 재료를 주된 원료로 하여 발효시켜 증류한 것
6) 1)부터 5)까지의 규정에 따른 주류의 발효·증류·제성 과정에 대통령령으로 정하는 재료를 첨가한 것
7) 1)부터 5)까지의 규정에 따른 주류를 혼합한 것 또는 이들 혼합한 주류의 증류·제성 과정에 대통령령으로 정하는 재료를 첨가한 것
8) 제1호, 제3호가목부터 다목까지의 규정에 따른 주류의 발효·증류·제성 과정에 대통령령으로 정하는 재료를 첨가한 것
9) 제1호, 제3호가목부터 다목까지의 규정에 따른 주류를 혼합한 것 또는 이들 혼합한 주류의 증류·제성 과정에 대통령령으로 정하는 재료를 첨가한 것
10) 1)부터 5)까지, 제1호, 제3호가목부터 다목까지의 규정에 따른 주류를 혼합한 것 또는 이들 혼합한 주류의 증류·제성 과정에 대통령령으로 정하는 재료를 첨가한 것
11) 1)부터 10)까지의 규정에 따른 주류를 나무통에 넣어 저장한 것

리큐르(불휘발분이 2도 이상이어야 한다)

제5조제1항제3호가목부터 라목까지의 규정에 따른 주류로서 대통령령으로 정하는 재료를 첨가한 것

기타 주류

가. 용해하여 알코올분 1도 이상의 음료로 할 수 있는 가루상태인 것

나. 발효에 의하여 제성한 주류로서 제2호에 따른 주류 외의 것

다. 쌀 및 입국(粒麴 : 쌀에 곰팡이류를 접종하여 번식시킨 것)에 주정을 첨가해서 여과한 것 또는 이에 대통령령으로 정하는 재료를 첨가하여 여과한 것

라. 발효에 의하여 만든 주류와 제1호 또는 제3호에 따른 주류를 섞은 것으로서 제2호에 따른 주류 외의 것

마. 그 밖에 제1호부터 제3호까지 및 제4호가목부터 라목까지의 규정에 따른 주류 외의 것

술잔으로 보는 전통주

전통주용 술잔의 종류

잔(琖 : 옥잔잔)

옥, 수정곱돌 등 석재를 갈아 만든 술잔입니다.

배(坏 : 언덕배)

배(杯 : 잔배)

나무를 깎아 만든 술잔입니다.

작(爵 : 잔배작)

금, 은, 청동, 금동, 쇠, 구리, 등 금속을 가공해 만든 술잔입니다.

각배(角杯 : 뿔각, 잔배)

소, 양, 코끼리 같은 동물의 뿔을 갈아 만든 술잔(재료에 관계없이 뿔 모양으로 만든 잔은 전부 각배라 함)입니다.

과음을 경계하라, 계영배

사진·글 출처 : 제주술박물관

계영배(戒盈杯)는 과음을 경계하기 위해 만든 잔으로 절주배(節酒杯)라고 부르기도 합니다.

계영배는 술이 가득 차는 것을 경계하는 잔으로 겉으로 보기에는 일반 술잔과 비슷하지만, 어떤 술을 채우든 이 잔에 7부 선 이상 채우면 밑바닥 구멍으로 술이 모두 새어나갑니다. 물론 7부가 되기 직전까지만 따르면 술을 온전히 마실 수 있습니다.

계영배는 고대 중국에서 하늘에 정성을 드리는 제천의식을 위해 만들었던 '의기(儀夔)'에서 유래됐습니다. 이 잔은 상징적으로 인간의 끝없는 욕심을 경계해야 한다는 의미를 지니고 있습니다. 우리나라에서는 조선후기 실학자인 하백원이 도공인 우명옥에게 제작방법을 알려줘 만들어졌으며, 당대 최고의 거상인 임상옥(林尙沃, 1799~1885)에게 전해졌다 합니다.

임상옥은 조선 역사상 전무후무한 거상으로 계영배를 늘 곁에 두고 인간의 과욕을 경계했다고 합니다.

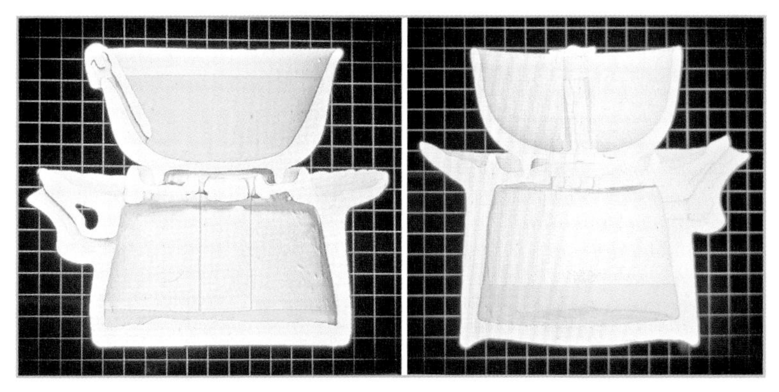

계영배의 원리 출처 : 조세박물관

이기고 돌아오겠소, 마상배

마상배(馬上杯)는 한자 그대로 해석한다면 말 위에서 술을 마실 때 주로 쓰이는 잔을 말하는 것 같습니다. 전쟁터나 주둔지 병영 등에서 기마생활을 하던 군인들이 주로 사용했다고 합니다.

특히 전쟁 전에 필승의 각오를 다지며 말 위에서 받는 마상배는 단순히 술이 아닌 그 이상의 기원과 염원이 들어 있을 것입니다.

백자 마상배 출처 : 국립중앙박물관

어느 장수는 마상배의 술을 한 번에 다 마시고 마상배를 던져서 깨버렸을지도 모른다는 영화적 상상도 해봅니다. 이렇게 기원과 염원이 들어가 있는 마상배는 잔치나 제사 등의 의식용으로도 널리 사용됐다고 합니다. 마상배(馬上杯)는 2종류의 잔이 있습니다.

첫 번째 잔은 손잡이 역할도 되는 높지만 잔보다 작아 불안정한 굽이 달려 있고, 윗부분의 술잔은 굽보다 넓으며 입술 받침이 있는 잔입니다. 두 번째 잔은 팽이 모양을 닮은 뾰족한 모양으로 받침대가 따로 있어야 하는 잔입니다.

정확한 기원이 알려진 것은 아닙니다만, 삼국시대에는 토기의 형태로, 고려시대는 상감청자 형태로, 조선시대는 백자 또는 분청사기 형태로 만들어 전해지고 있습니다.

흑유 마상배
출처 : 국립중앙박물관

흑유 마상배는 팽이처럼 생긴 잔(杯)으로 말 위에서 마시는 술잔으로 사용됐으므로 마상배라 불리며, 고려 시대 것으로 추정되는 독특한 형태의 술잔입니다. 이 형태의 마상배는 받침이 있었을 것으로 유추되나 발견되지는 않았습니다.

맛을 결정하는 후각

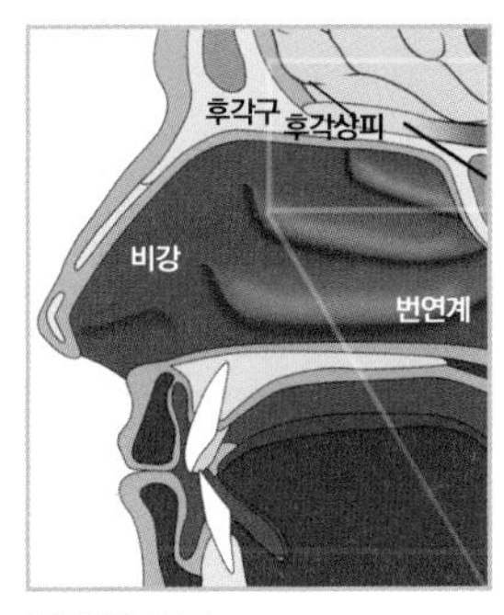

비강의 구조

공기 중에 있는 기체 상태의 화학 물질이 콧속에 있는 후각 세포를 자극해 냄새를 느끼게 되는 감각을 후각이라 합니다.

인간의 경우 1,000여 종의 냄새 수용체 유전자 가운데 실제 작동하는 유전자 수는 375개 정도입니다. 이는 인류가 직립해 코가 땅바닥에서 멀어진 이래 후각에 대한 의존도가 줄면서 퇴화됐기 때문이라고 합니다.

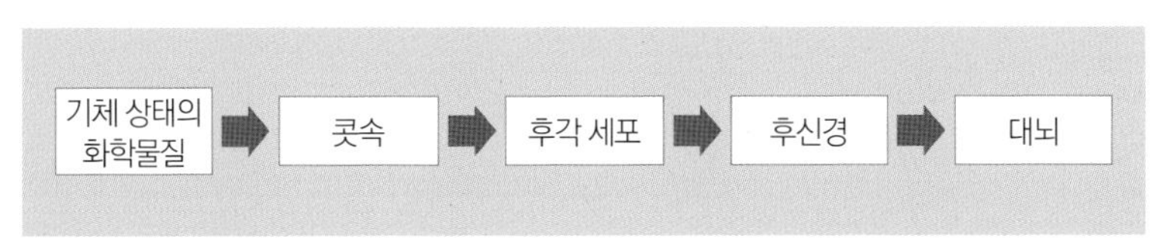

후각의 전달 경로

후각은 시각이나 청각 등 다른 감각들과 비교해볼 때 가장 예민합니다. 자극에 대한 반응이 빠르고, 아주 작은 양이 존재해도 자극을 느끼게 됩니다.

후각은 청각이나 시각과 비교해볼 때 쉽게 피로해집니다. 따라서 처음 냄새를 맡았을 때는 매우 강한 냄새를 느끼지만, 시간이 지나면 그 냄새를 느끼지 못하게 됩니다.

사람보다는 동물의 후각이 더 발달했으며, 어른보다 아이들이 냄새를 더 잘 맡는다고 합니다. 여자가 남자보다 냄새를 더 잘 맡는다고 하는 것은 유전적인 우월성이 아니라 냄새나 맛을 보는 기회가 남자보다 많기 때문입니다.

담배를 피는 남자는 후각이 떨어질 가능성이 여자보다 많은 것으로 추측되고 있습니다. 사람은 1만 종 이상의 매우 다양한 종류의 냄새를 구분할 수 있습니다. ppb 단위의 낮은 농도의 냄새 입자도 감지할 수 있다고 합니다.

후각은 사람들 간 차이가 있으며, 나이가 들어가면서 후각 기능이 점차 감소합니다. 후각은 약 1만 가지의 냄새를 구분하며 맛의 70~80%에 영향을 줍니다. 냄새를 맡지 못하는 상태에서는 음식의 맛이 극도로 떨어진다고 합니다.

후각에 이상이 있는 경우 미각이 약해져서 상한 걸 먹어도 잘 모르거나 맛있는 걸 먹어도 잘 느끼지 못합니다.

미각, 오해에서 비롯된 혀의 맛지도

1890년 독일의 한 연구가는 "혀의 각 부분은 다른 부분에 비해 특정 맛에 더 예민하지만 그 정도는 미미하다"라고 한 연구 내용을 학계에 발표했습니다. 이 연구내용을 1942년 어느 심리학자가 번역하면서 해석이 부풀려져 혀의 맛지도가 탄생하게 됐던 것입니다. 이후 1970년대부터 잘못 알려진 혀의 맛지도 관련 내용을 바로잡기 시작했으며 2006년 잡지 〈네이처(Nature)〉에서 잘못된 내용임을 확실히 했습니다. 혀의 맛지도는 애초에 없었고 모든 부위에서 같은 맛을 느낄 수 있으며, 입천장 또한 부위에 관계 없이 혀와 거의 같은 맛을 느낄 수 있다고 합니다.

미뢰

미뢰는 지지세포, 미각세포, 기저세포 등 3종류의 상피세포

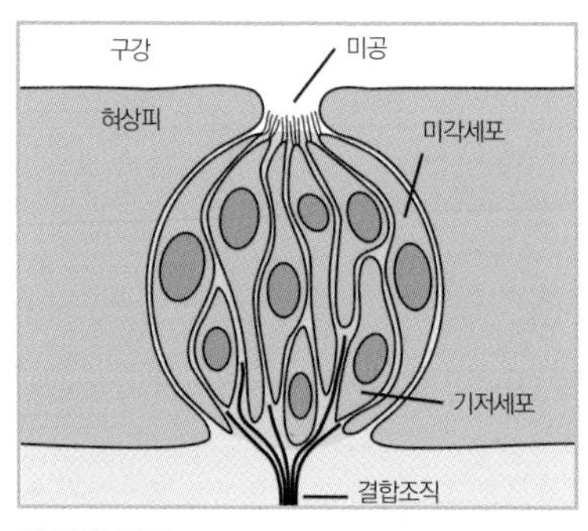

미뢰의 구조

를 이용해 맛을 느낄 수 있습니다. 미뢰는 혀와 입천장 등에 존재하며 단맛, 쓴맛, 짠맛, 신맛, 감칠맛, 지방맛 등을 느낄 수 있습니다. 사람의 혀에는 약 2,000~8,000개의 미뢰가 존재합니다.

혀의 각 부분에 있는 미뢰들은 비슷한 구조를 갖고 있으나, 미각에 대한 감수성은 서로 다릅니다. 대부분의 미뢰는 1가지 이상의 맛에 반응한다고 합니다.

미각은 현재 6종류가 존재

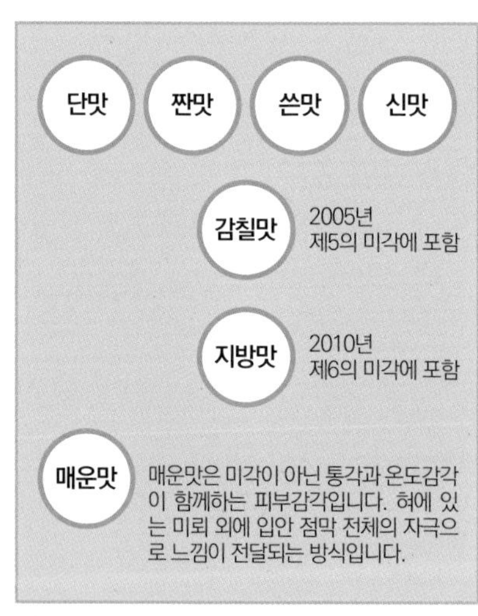

혀(미뢰)가 느끼는 맛

1. 단맛

단맛은 먹는 사람에게 쾌감을 주어 고열량의 단음식을 보다 많이 섭취하도록 만듭니다.

2. 짠맛

소금의 맛인 짠맛은 식욕을 당기게 해서 충분한 양의

소금을 섭취하게 합니다. 이유는 소금 안에 있는 나트륨이 인체에 꼭 필요한 무기질이기 때문입니다.

3. 쓴맛

대부분의 사람들에게 불쾌감을 주는 쓴맛은 독이 들어 있는 음식을 가리키며, 이 경험으로 독극물을 구분하는 기본적인 변별력을 가지게 됩니다. 쓴맛은 10℃ 정도에서 가장 강하게 느끼게 된다고 합니다. 반면, IPA(Iidian Pale Ale), ESB(Extra Strong Bitter) 같은 수제맥주나 커피 같은 쓴맛이 강한 기호식품은 경험의 반복으로 익숙해지면 좋아지는 맛입니다.

4. 신맛

음식의 맛이나 풍미를 이야기할 때도, 상한 식품에서도 신맛이 등장합니다. 음식에서 신맛은 설탕이나 소금의 존재 여부에 따라 느끼는 정도가 다르며, 일부 유기산들은 식품에 여러 가지 작용을 합니다. 과실주에서 느낄 수 있는 산으로는 시트르산(구연산), 말산(사과산), 타타르산 (주석산) 등이 있으며, 전통주에서는 주로 젖산을 느낄 수 있습니다. 그리고 아세트산(식초)을 첨가한 음식은 보존이 더 잘됩니다.

5. 감칠맛

식욕을 당기는 맛으로 고기 맛이라고도 표현됩니다. 치즈나 간장 등 발효식품에서 많이 느낄 수 있으며, 1908년 일본이 만든 MSG(글루탐산나트륨)에서 강한 감칠맛을 느낄 수 있습니다.

6. 지방맛

지방맛(Oleogustus)은 2012년 발표되어 편입된 기본 맛의 하나로 기름이 내는 느끼한 맛이 아니라 고소한 맛을 나타낼 때 씁니다.

맛이라고 느껴지는 자극들

느낌	내용
떫은맛	타닌 세포가 입속에 점막 같은 피부조직에 자극을 줘 느끼는 피부감각입니다. 덜 익은 과일 등에서 나타나는 불쾌한 맛으로 지칭되지만 차나, 고급와인에서는 적당히 있는 것을 추천하기도 합니다.
시원한 맛	민트에 든 멘톨 같은 성분은 구강에 있는 저온수용체를 자극해 시원하고 상쾌한 느낌을 줍니다.
얼얼한 맛	아린 맛이라고도 합니다. 떫은맛에 가까운 목구멍을 자극하는 독특한 향미입니다.
매운맛	혀의 통증과 열수용체를 자극해 타는 듯한 느낌을 주는 피부감각이자 자극입니다. 식욕 신진대사 촉진 작용이 있으며, 중독성이 있어 혀에서 느끼는 고통을 즐기기도 합니다.

'포도맛', '사과맛'과 같은 것은 맛이 아니라 코의 후각상피에서 느끼는 향입니다.

전통주의
6가지 맛

단맛

술에 존재하는 포도당의 양에 따라 느껴지는 맛으로 술의 전체적인 느낌을 좌우하게 됩니다.

쓴맛

쌀에 있는 단백질이 펩타이드로 분해되며 쓴맛이 나게 됩니다. 단백질의 조성에 따라 쓴맛의 차이가 생기며 소량의 적절한 쓴맛은 깔끔한 맛을 느끼게 해줍니다.

짠맛

나트륨, 칼륨, 마그네슘, 칼슘 등 무기염의 맛입니다. 발효촉진을 위해 첨가할 수 있는 재료이며, 첨가하는 양에 따라 강도가 달라집니다.

신맛

젖산, 구연산, 사과산, 호박산 등의 유기산 맛입니다. 젖산은 부드러운 신맛으로 적절하면 고급스러운 술맛을 내줍니다. 호박산은 술에 구수한 맛을 더해줍니다. 상쾌한 맛을 더해주는 사과산은 효모의 종류에 따라 발현의 양이 다릅니다.

감칠맛

발효할 때 발생하는 유리아미노산은 적당량으로 있을 때 술에서 감칠맛을 돌게 해줍니다. 대표적인 감칠맛은 글루탐산입니다.

단백질 함량이 높은 쌀을 쓰게 되면 아미노산이 많이 생겨 술에서 느끼한 맛을 많이 느끼게 됩니다.

전통주에서 앞의 6가지 맛은 각각 다른 특성을 나타내며 서로 어울려 주류의 맛을 결정하게 됩니다.

특히 맛의 범주에는 들어가지 않지만 떫은맛(느낌)은 탄닌에 의해 주로 나타나며, 와인과 같은 과실주에서 많이 나타나는 맛(느낌)입니다. 전통주를 만들 때 과일이 들어가는 술은 정도에 따라 떫은맛(느낌)이 나타날 수도 있습니다.

전통주 테이스팅 : 전통주 플래버휠

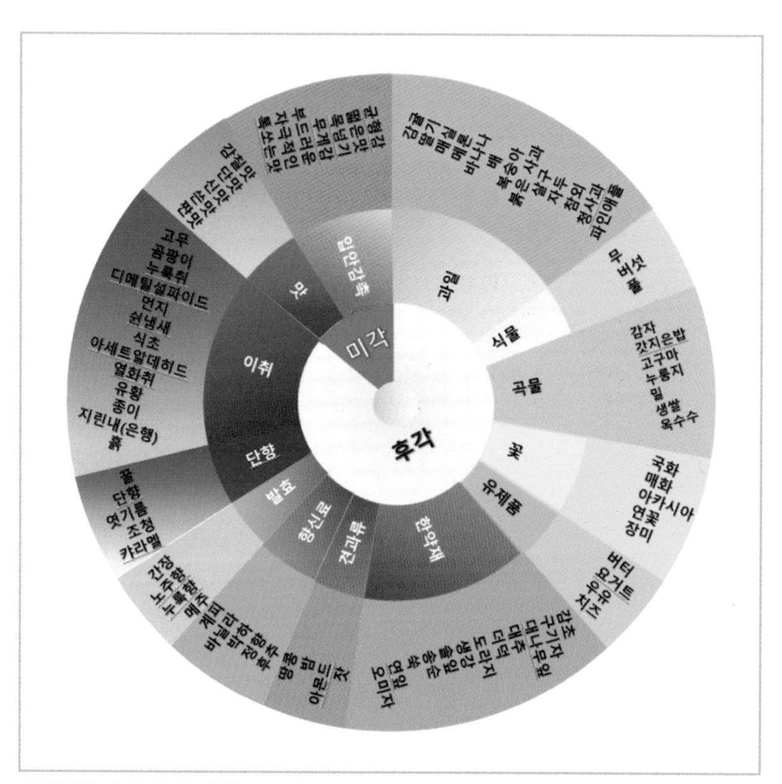

플래버휠 출처 : 농촌진흥청

참고

퓨젤 유(Fusel oil)는 아미노산류의 발효에 의해 생성되는 고급알코올류(노르말프로필알코올, 이소부틸알코올, 이소아밀알코올)입니다.

소량이 술에 있을 때는 술에 맛과 향을 증가시켜주지만, 함량이 높으면 술의 향미가 나빠지고 숙취의 원인이 되기도 합니다.

전통주 플래버휠 평가항목(총 13항목)

대영역	상위항목	세부항목(89개)
후각 (11개)	과일(13)	감귤, 딸기, 매실, 메론, 바나나, 배, 복숭아, 붉은 사과, 살구, 자두, 참외, 청사과, 파인애플
	식물(3)	무, 버섯, 풀
	곡물(7)	감자, 갓 지은 밥, 고구마, 누룽지, 밀, 생쌀, 옥수수
	꽃(5)	국화, 매화, 아카시아, 연꽃, 장미
	유제품(4)	버터, 요거트, 우유, 치즈
	한약재(13)	감초, 구기자, 대나무잎, 대추, 더덕, 도라지, 생강, 솔잎, 송순, 쑥, 연잎, 오미자, 인삼
	견과류(4)	땅콩, 밤, 아몬드, 잣
	향신료(5)	계피, 바닐라, 박하(민트), 정향, 후추
	발효(4)	간장, 노주향, 누룩향, 메주
	단향(5)	꿀, 달콤한 향, 엿기름, 조청, 캐러멜
	이취(14)	고무, 곰팡이, 누룩취, 디메틸설파이드, 먼지, 쉰 냄새, 식초, 아세트알데히드, 열화취, 유황, 종이, 지린내(은행), 흙
미각 (2개)	맛(5)	감칠맛, 단맛, 신맛, 쓴맛, 짠맛
	입안 감촉(8)	균형감, 떫은맛(수렴성), 목넘기, 무게감, 부드러움, 여운(지속성), 자극적임, 톡쏘는 맛(탄산)

플래버휠 기준 주요 미각

산미

여기서 산미란 신맛입니다. 발효될 때 생성되는 적절한 젖산은 술의 맛을 한층 끌어올려주는 역할을 합니다.

단맛

우리나라 전통주도 주조자의 설계에 따라 와인과 같이 단맛이 높은 술과 술과 드라이한 술로 스펙트럼을 펼칠 수 있습니다. 와인처럼 가당을 해서 맞추는 게 아니라 투입되는 곡물의 양을 조절해 단맛을 맞추거나 채주 시기를 조절해 맞추게 됩니다. 대체적인 술 기호는 달달한 쪽이 선호도가 높은 편입니다.

쓴맛

전통주에서 쓴맛이 나는 이유는 쌀에 있는 단백질이 분해되는 과정 중 중간물질인 펩타이드와 최종물질인 아미노산에서 찾을 수 있습니다. 특히 펩타이드 중 쓴맛을 내는 펩타이드는 주질에 큰 영향을 주며, 장류에서도 많이 검출되는 물질입니다. 쓴맛을 내는 펩타이드는 주류제조 시 투입되는 쌀의 단백질 함량에 따라 쓴맛의 발현 정도가 달라질 수 있으며, 발효 초기에 많다가 시간이 지나면서 감소하는 경향을 보입니다. 전통주를 마실 때 약간의 쓴맛(쌉쌀한 맛)은 술을 고급스럽게 합니다. 그러나 두드러지는 거친 쓴맛은 술을 마시는 내내 사람을 기분 나쁘게 할 수 있습니다.

바디감

입에서 느끼는 감촉 중에 하나로 무게감과 부드러운 느낌 그리고 여운이 모여 완성되는 느낌입니다.

미각이 느끼는 맛은 단맛, 신맛, 짠맛, 쓴맛, 감칠맛, 지방맛인 기본 맛만이 해당되고, 여기에 음식이 가진 냄새와 촉감, 온도 등이 그 맛을 결정합니다.

맛과 향을 제대로 : 양조아로마 키트

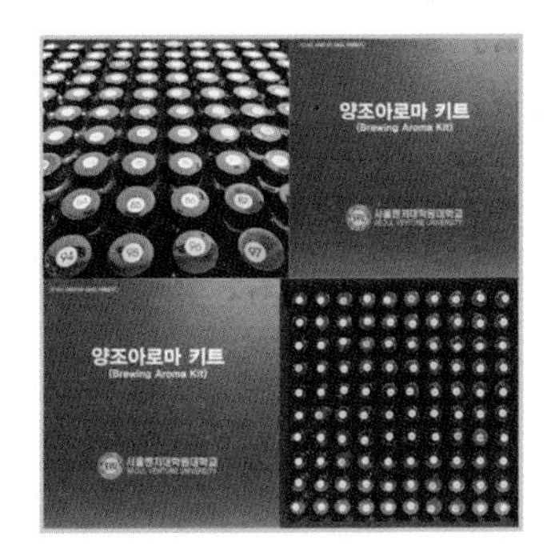

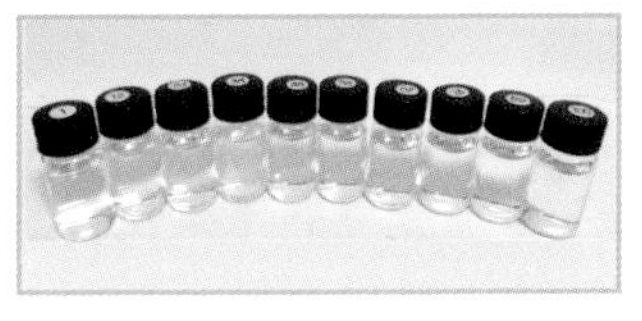

전통주 소믈리에는 소비자에게 판매되는 술의 맛과 향을 제조사가 추구하는 기준으로 잘 알아야 합니다. 그리고 비교한 느낌을 소비자에게 잘 전달해주어야 할 의무가 있습니다.

그러려면 각 술의 개성을 알아보기 이전에 술에서 기본적으로 어떤 향과 맛이 나오는지 표준키트를 이용해 확인해보고 비교해보며 숙지해야 합니다.

양조아로마 키트는 비교된 맛과 향을 소비자에게 잘 전달하는 능력을 키울 수 있는 좋은 교보재입니다.

사진 속 양조아로마 키트는 전통주를 비롯해 와인 맥주 식초 등에 존재하는 모든 맛과 향을 모아놓은 키트입니다.

전문적인 소믈리에를 목표로 하는 분이면 반드시 보유하고 이용해야 할 필수 아이템입니다.

테이스팅과학 1 : 전통주의 향

전통주 발효 및 숙성 시에 보관온도 및 밀폐상태에 따라 시간적으로 발생하는 아로마 부케 및 불쾌취입니다.

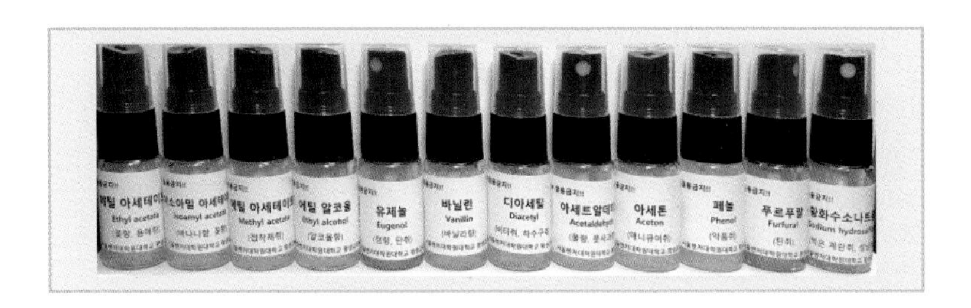

1	에틸아세테이트	꽃향, 용매취
2	이소아밀아세테이트	바나나향, 꽃향
3	메틸아세테이트	접착제취
4	에틸알코올(에탄올)	알코올향, 소독약취
5	유제놀	정향, 탄취
6	바닐린	바닐라향
7	디아세틸	버터취
8	아세트알데히드	풀향, 풋사과향
9	아세톤	매니큐어취
10	페놀	약품취
11	푸르루랄	탄취
12	황화수소나트륨	썩은 계란취, 성냥취

테이스팅과학 2 : 전통주의 맛

전통주 주조 시에 첨가할 수 있는 단맛 성분들과 신맛 성분 그리고 발효할 때 나타나는 맛입니다. 적당량이 함유됐을 때 좋게 평가될 수 있지만, 부족하거나 과다할 때는 주류 품질을 떨어뜨립니다.

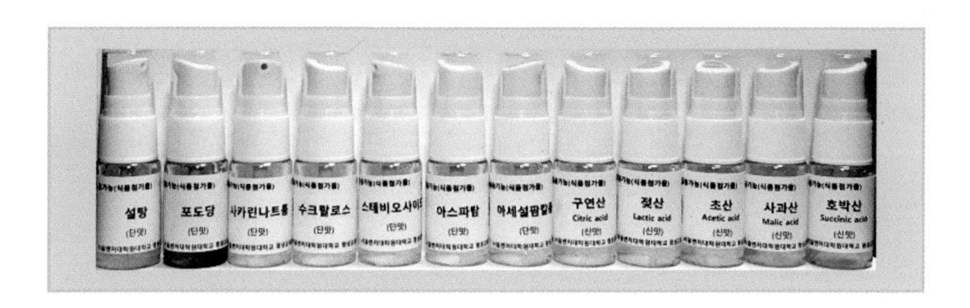

1	설탕	단맛
2	포도당	단맛
3	사카린나트륨	단맛
4	수크랄로스	단맛
5	스테비오사이드	단맛
6	아스파탐	단맛
7	아세설팜칼륨	단맛
8	구연산	자극성 신맛
9	젖산	깊은 신맛
10	초산	예리한 신맛
11	사과산	산뜻한 신맛
12	호박산	부드러운 신맛

온도에 따른 전통주의 변화

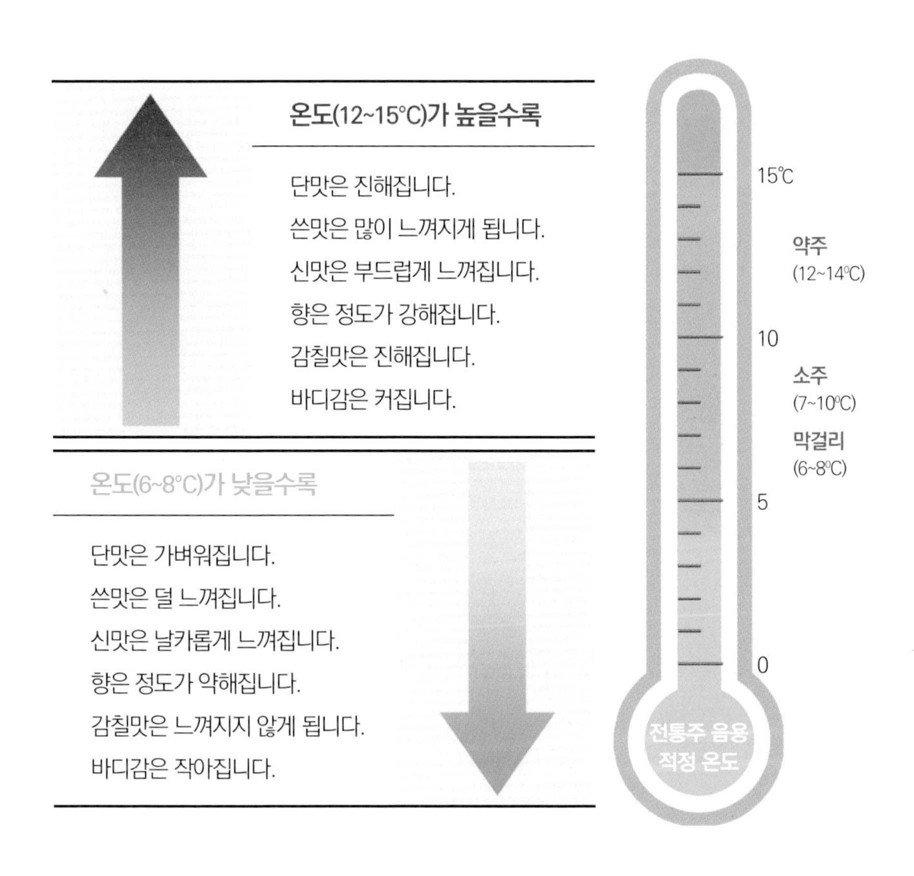

시음 시 주의해야 할 것들

1. 시음시간은 오전 10~11시가 가장 좋습니다.
2. 시음 직전 양치질을 하면 안 됩니다.
3. 시음 직전 자극적인 음식을 먹으면 안 됩니다.
4. 시음 하시는 분은 몸에서 향수 냄새가 나면 안 됩니다.
5. 시음 전 립스틱을 지우셔야 합니다.
6. 시음 전 담배를 피우면 안 됩니다.
7. 시음 시 술은 동일한 온도, 동일한 잔, 동일한 양으로 합니다.
8. 여러 술을 시음 시에는 물과 토렴구를 준비해서 매번 입속을 헹구고 다음 술과 시간 간격을 두셔야 합니다.

시음 방법

전통주의 시음은 술의 나쁜 점을 찾아내려는 것이 아니라 하나라도 그 술의 장점을 찾아내는 것입니다. 주조자들의 정성을 생각해 보다 긍정적으로 시음을 해야 할 것입니다.

1단계

술의 색을 확인합니다. 술의 고유의 색과 탁도를 일반 조명에서 확인합니다. 특히 술에 들어간 재료와 맞는 색인지, 의도가 반영된 색인지 확인합니다. 시음 시 사용하는 잔은 반드시 투명한 잔이어야 합니다.

2단계

술의 향을 확인합니다. 잔에 따른 술을 4~5 회 정도 술을 흔들어 준 후 코를 대고 2~3회 반복해서 향을 맡아봅니다. 잔을 흔들기 시작한 후 3~8초 사이가 향이 가장 선명하게 난다고 합니다.

3단계

약간의 술을 입에 살짝 머금어 봅니다. 깨끗한 입속으로 갑자기 들어오는 전통주는 자극을 줄 수 있습니다. 미리 약간의 술을 머금어주면 한 번에 시음하는 것보다 자극을 완화시켜주고 술맛을 더 확실히 확인할 수 있습니다.

4단계

본격적인 시음을 위해 적당량의 전통주를 입에 넣은 다음 공기를 약간 넣어 술과 혼합해줍니다. 술과 혼합된 공기는 술의 향을 더 풍부하게 해줍니다.

5단계

입 전체로 맛을 봅니다. 입안 구석구석 술을 보내 주조자의 의도가 정확히 표현됐는지와 술의 균형, 주질에 대해 느껴 봅니다.

6단계

입에 있는 술을 토렴구에 버리거나 직접 목으로 넘기면서 후미 후취를 확인합니다.

7단계

술에 대한 전반적인 느낌을 총정리 및 평가를 합니다.

8단계

식빵 또는 물을 이용해 입을 개운 다음 다시 시음할 때까지 약간의 시간 차를 둡니다.

술과 안주 트렌드의 변화

조직의 통일성을 중요하게 여기던 시절에 집단적, 남성적, 획일적으로 일사분란하게 진행되던 술문화는 안주에 큰 의미를 두는 것보다는 서로 술을 권하며 흠뻑 취하는 것을 겸양으로 생각했습니다.

그러나 개인존중과 다양성을 근간으로 하는 현대 사회에서는 젊은 층, 특히 여성이 주도하는 술문화가 주류를 이루게 되며 단순한 음주보다는 개개인의 수준과 기호에 맞는 술과 음식을 페어링하며 적당히 즐기는 것으로 바뀌어가고 있습니다.

안주와 술을 배치하는 방법

동일법

술과 안주를 강약의 정도에 따라 비슷한 맛을 배치하는 방법입니다. 친숙한 맛의 연속으로 안정감을 갖는 술자리를 이어 갈

수 있을 것입니다.

보완법

상호보완법은 두 전혀 다른 재료가 함께해 맛의 상승작용을 갖는 것으로 단맛은 짠맛을 만날 때 단맛이 증폭되는 것처럼 달달한 술을 한잔한 후에 짭짤한 안주를 먹는 것입니다.

대치법

시소와 같은 느낌으로 상호 정반대되는 맛과 느낌을 갖게 해 각각의 느낌과 맛을 더 확실히 느낄 수 있습니다. 조합에 따라서는 각자의 맛을 무(無)로 돌리기 때문에 먹는 내내 새로움을 느끼게 해줄 수도 있습니다,

음식의 특성에 따른 술 페어링 방법

1. 단 음식

달콤한 음식은 담백한 술맛을 더 쓰게 합니다. 당분은 뒤따르는 것이 어떤 것이든 그 당도를 약화시킵니다. 따라서 단 음식은 달콤한 술과 함께 짝지으면 좋습니다.

2. 짠 음식

화학적으로 염분은 산을 중화시킵니다. 그러므로 짭짤한 음식은 산도 높은 술의 날카로움을 완화시켜 줍니다.

3. 매운 음식

술의 알코올과 산도는 입안을 예민하게 하고 민감도를 높여줍니다. 여기에 안주로 매운 음식을 선택하는 것은 자극에 자극을 더하는 상황이 됩니다.

안주로 매운 음식을 선택할 때는 술은 알코올도수가 낮으면서 단맛이 강한 것으로 선택하고 시원하게 해서 마시면 좋습니다.

4. 신 음식

신맛이 강한 음식을 시지 않은 술과 짝지으면 맛이 밋밋해집니다. 신맛이 강한 음식은 신맛 도는 술과 짝지으면 좋습니다.

5. 기름진 음식

기름진 음식에는 알코올 도수가 높은 술을 짝지으면 기름 성분으로 인해 텁텁하게 된 입안을 산뜻하게 해주는 효과를 볼 수 있어 좋습니다.

– 출처 : 《술과 음식의 페어링》, '향기로운 한식, 우리술산책', 2018.7.1, 정석태, 이대형 외, 농림축산식품부

3장

전통주와 건강

술이 간에 미치는 영향

적절한 음주는 간에 큰 무리를 주지 않습니다만, 장기간 과음을 하면 간에 돌이킬 수 없는 손상을 가져올 수 있습니다.

간에서 알코올을 분해할 때 만들어지는 아세트알데히드는 2급 발암물질로 자체의 독성으로 간세포를 손상시킬 수 있습니다.

그리고 알코올이 간에서 대사되며 생산되는 지방산으로 인해 알코올성 지방간이 될 수도 있습니다. 이런 알코올성 지방간은 간염 및 간경화로 진행될 수 있습니다.

술이 뇌에 미치는 영향

'알코올 의존증'이라는 병이 있습니다. 처음에는 '알코올 중독'이라 표기했는데, 세계보건기구의 제의에 따라 보다 친화적으로 변경된 것입니다. 알코올 의존증은 정신적으로 의지할 곳이 없는 사람들에게 많이 일어나는 질환이며, 점차 마시는 술의 양이 늘어나면서 폐인이 되고 종래에는 자살을 하거나 주취 사고로 죽거나 기인된 질환으로 죽게 됩니다.

원래는 며칠 연달아 마시다가도 무리다 싶으면 몸이 회복될 때까지 쉽니다. 하지만 중기를 넘어서면 자제가 어려워지고 간섭하는 사람들을 피해 혼자서 폭음을 하게 됩니다. 말기에는 마시는 것으로 끝나지 않고 가게에서 훔치거나 남에 집에 들어가서 술을 찾아 먹거나 마시고 행패를 부리는 등 범죄를 일으키며, 알코올성 치매 같은 현상이 나타나기도 합니다.

술이 심장에 미치는 영향

술을 먹어본 사람이면 심장이 빨리 뛰게 된다는 것을 느낄 수 있습니다. 과음은 심장근육에 부담을 주게되고 고혈압이 생길 수도 있습니다.

반면 술의 종류에 따라 적당한 음주는 심장에 좋은 영향을 줄 수도 있습니다. 발효주는 항산화작용이 있으며, 심장병 예방에 효과적입니다. 그리고 동맥경화를 예방해준다는 연구결과도 있습니다.

이러한 연구결과는 하루에 한두 잔 정도의 적당한 음주를 말하며, 그 이상을 넘은 음주는 좋지 않습니다.

술이 위와 장에 미치는 영향

술을 가장 먼저 받아들이는 곳이 위입니다. 위에서 30%가 흡수되는 알코올은 위점막을 자극해 위염을 유발하며, 산의 역류로 위점막의 손상 및 출혈 그리고 출혈성 식도염을 일으킬 수 있습니다.

또한 술을 분해할 때 발생되는 아세트알데히드로 인해 소장(알코올의 70%를 흡수)의 움직임을 과도하게 만들어서 수분과 영양분이 흡수되지 않고 배출되어 설사증세를 유발하기도 합니다.

술이 사회와 개인에게 미치는 영향

과도한 음주로 인해 발생하는 음주비용, 술자리의 상호 갈등과 주취폭력 등 많은 문제점은 오래전부터 사회적으로 큰 골칫거리였습니다. 그중 다양한 주사는 함께하는 사람에게 피곤함을 줄 뿐만 아니라 감정적으로 거리를 두게 되는 원인이 되고 있습니다. 또한 요즘 대두되고 있는 홈술 문화는 집이라는 심리적 편안함에 평상시보다 음주의 양이 많아질 수 있으며, 횟수 또한 늘어나 알코올 중독으로 진행될 확률이 높아질 수 있습니다. 그리고 사회적 자발격리가 일어날 수 있습니다.

알코올 금단현상

체내에 알코올이 남아 있지 않을 때 나타나는 현상으로 계속 식은땀을 흘리며, 불안정하고 심하면 섬망(Delirium) 증상이 일어나기도 합니다.

술과 비만

술을 많이 마시는 사람일수록 비만인 경우를 주위에서 많이 볼 수 있습니다. 일명 '술배'라고 하는 아랫배가 엄청나게 나온 복부비만형이 많습니다.

술은 칼로리 즉 열량밖에 없는데 왜 술을 많이 마실록 비만이 될까요? 술을 마시면 술에 있는 열량이 바로 흡수되고 이용되기 때문에 안주 등 음식으로 섭취되는 열량은 이용되지 않고 몸에 축적됩니다. 특히 최근에는 음식문화가 발달하며 많은 맛있는 안주들이 술상에서 우리를 유혹하고 있어 술을 마시기 위해 안주를 먹는 건지, 안주를 먹기 위해 술을 마시는 건지 모를 정도입니다. 건강하고 비만을 피하기 위해서는 적당한 음주뿐만 아니라 안주도 과하지 않게 먹으려고 노력해야 할 것입니다.

술이 근육에 미치는 영향

술은 몸에 들어와 분해되는데 많은 양의 수분을 필요로 합니다. 뼈와 함께 우리 몸에 기둥이 되는 중요한 존재인 근육은 과도하고 잦은 음주로 지속적인 수분결핍이 생기게 되면 근육의 유지 및 성장에 문제가 생깁니다. 평소에 술을 먹을 때 물을 많이 마셔야 함은 물론이고, 마신 후 다음날까지도 물을 충분히 섭취해줘야 합니다.

막걸리의 효능

막걸리에는 피로회복을 도와주는 아미노산과 알라닌, 유기산, 비타민 등이 풍부해 피로를 회복하는 데 도움이 됩니다. 막걸리는 식이섬유가 풍부해서 대장운동을 원활하게 하며 변비를 막아주기 때문에 다이어트에도 효과적입니다. 생막걸리에 풍부하게 함유되어 있는 유산균은 몸의 면역력을 향상시켜 각종 세균이나 바이러스에 대한 저항력을 강하게 해주고 질병을 예방시켜줍니다.

막걸리에 함유된 비타민 B, 패닐알라닌은 피부의 재생을 도와 매끈하고 탄력 있는 피부를 만들어줍니다. 또한 멜라닌 색소의 침착을 막아 기미나 주근깨 등에 좋고, 맑고 투명한 피부를 만들어줍니다.

필수 아미노산인 메타오닌은 간에 지방이 쌓이는 것을 막아주고 간기능을 활성화시키며 간세포 재생을 도와줍니다.

막걸리에 들어 있는 스쿠알렌은 항산화 및 항암, 항종양 등에 효과가 있으며, 막걸리에 함유된 파네졸 성분은 암세포의 성장을 억제해 암을 예방해준다고 합니다. 그리고 베타시토스테롤 성분은 위암 예방에 효과가 있는 것으로 최근에 확인됐습니다.

술의 종류별 열량

술의 종류별 열량을 알아보기 전에 확실한 이해를 하고 비교하기 위해 먼저 이야기하자면, 밥 한 공기는 약 300kcal입니다. 비빔밥 한 그릇은 약 700kcal입니다. 반찬의 열량도 포함됐다고 생각하면 깜짝 놀랄 열량이 아닌 것 같습니다.

막걸리 안주로 최고의 인기인 동래파전은 한 장에 약 900~1,000kcal입니다. 한 장도 매우 높은 열량이지만, 어느 누구도 한 장만 먹고 끝내기는 어려울 것입니다.

성인 남자가 일반적으로 한 끼에 섭취하는 열량은 평균 700~800kcal며, 성인 남자의 하루 소모 열량은 2,400kcal입니다. 열량만 생각한다면 하루 삼시세끼를 꼬박 비빔밥만 먹으면 균형이 잘 유지될 것입니다.

이제 본격적으로 술의 열량을 확인해보겠습니다. 소주 한 병(360m)의 열량은 396kcal, 맥주 한 잔(500ml)의 열량은 185kcal입니다. 과일소주 한 병(360m)은 417kcal, 막걸리 한 병(750ml)의 열량은 247kcal이고, 레드와인 한 병(750ml)은 625kcal, 화이트와인 한 병(750ml)의 열량은 612kcal, 위스키 한 병(700ml)의 열량은 700kcal, 사케 한 병(720ml)의 열량은 720kcal입니다. 칵테일 한 잔은 모히또가 약 120kcal, 섹스온 더비치는 약 230kcal입니다. 피나콜라다와 화이트러시안은 약 300kcal 정도입니다. 이제 현명하게 술을 마시려면 대략적인 열량은 염두에 두고 골라 마시는 것이 좋겠습니다.

위드마크 공식을 아시나요?

스웨덴 생리학자인 위드마크(Widmark)가 고안해낸 이 공식은 혈중 알코올이 분해되는데 소요되는 시간을 계산하는 공식입니다. 음주자의 혈중 알코올 농도가 시간당 0.015%씩 감소한다는 것입니다. 이것을 이용해서 사고 후 도주한 음주운전자, 음주 측정기를 입으로 불어서 측정하는 방식을 거부하는 사람 등 사건발생 시간이 오래 지나서 음주측정이 불가능할 때 음주량을 추정하기 위해 사용합니다. 채혈을 통해 음주량을 측정하는데 이 계산법은 나이, 성별, 체중 그리고 음주습관 또는 건강상태에 따라 결과가 달리 나올 수도 있다고 합니다.

$$C = \left(\frac{A}{P \times R} = mg/10 = \%\right) - (b \times t)$$

C = 혈중알코올농도(%)
A = 섭취한 알코올의 양
음주량(ml)X술의 농도(%)X0.7894(알코올비중)X0.7(체내흡수율)
P = 대상자 체중(kg)
R = 성별 위드마크 계수(남자 : 평균 0.56, 여자 : 평균 0.64)
b = 시간당 알코올 분해량(최저 0.008%~최고 0.03%)
t = 시간(음주시간으로부터 90분 초과 후 사고시간까지의 경과시간)

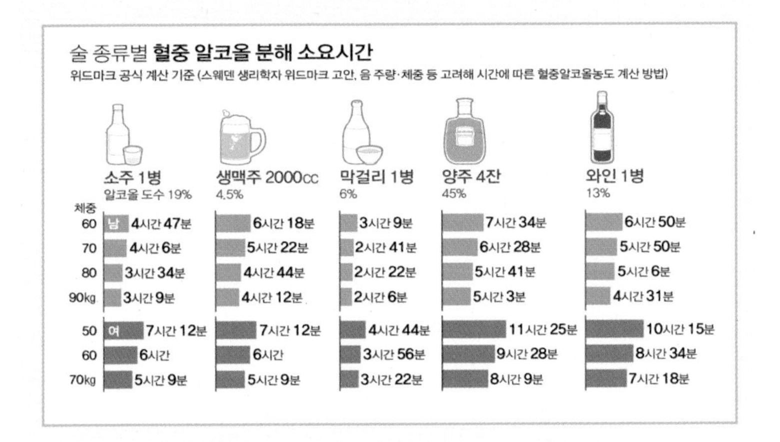

음주운전 처벌기준 강화(2019년 6월 기준)

현행	개정	
0.05% 이상 0.1% 미만 6개월 이하 징역 또는 300만 원 이하 벌금	**0.03% 이상 0.08% 미만** 1년 이하 징역 또는 500만 원 이하 벌금	**면허 정지**
0.1% 이상 0.2% 미만 6개월 이상 1년 이하 징역 또는 300만 원 이상 500만 원 이하 벌금	**0.08% 이상 0.2% 미만** 1년 이상 2년 이하 징역 또는 500만 원 이상 1,000만 원 이하 벌금	**면허 취소**
0.2% 이상 1년 이상 3년 이하 징역 또는 500만 원 이상 1,000만 원 이하 벌금	**0.2% 이상** 2년 이상 5년 이하 징역 또는 1,000만 원 이상 2,000만 원 이하 벌금	**면허 취소**

4장

발효

탄수화물이란?

탄수화물(Carbohydrate)이란 탄소와 수소의 화합물이라는 뜻으로 식물이 포도당을 저장하는 방법입니다.

탄수화물은 구성하는 당의 수에 따라 단당류, 이당류, 올리고당류 그리고 다당류로 분류됩니다. 세 원소가 1:2:1의 비율, 즉 CnH2nOn으로 되어 있는 것이 특징입니다. 단당류는 1개의 당으로 이루어진 당으로 글루코스(포도당), 프락토스(과당), 갈락토스가 있습니다.

이당류는 단당류 2개가 결합해 생성되는 당류로 자당(포도당+과당)과 맥아당(포도당+포도당) 그리고 유당(포도당+갈락토스)이 있습니다.

다당류는 10개 이상의 당이 결합해 생성되는 당류로 녹말(STARCH : 중세 영어 Sterchen로부터 파생됐으며 딱딱하다는 뜻)과 글리코겐(Glycogen) 셀룰로스(Cellulose) 등이 있습니다. 올

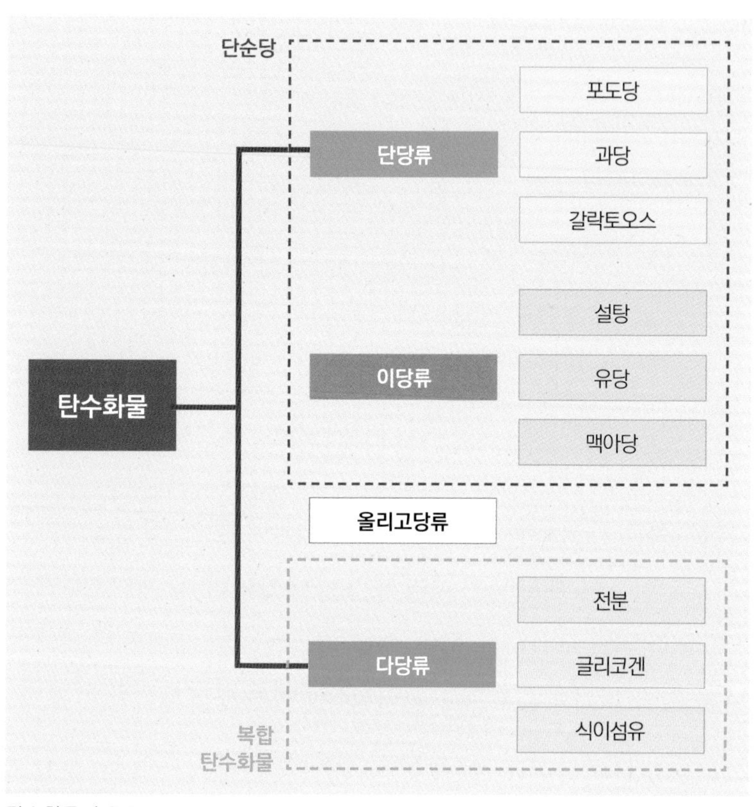

탄수화물의 종류

리고당류는 프락토올리고당, 이소말토올리고당, 갈락토올리고당, 말토덱스트린 등이 있습니다.

탄수화물 중의 하나인 다당류 전분은 소화가 빠른 전분(Rapidly Digestible Starch, RDS)인 쌀이나 밀과 같이 비교적 단순한 구조를 가진 전분과 소화가 느린 전분(Slowly Digestible Starch, SDS)은 수수, 감자, 고구마처럼 크고 복잡한 구조를 가진 전분으로 나뉩니다.

저항전분(Resistant Starch)은 소화효소에 의해 분해가 되지 않고 장내 미생물에 의해 소화되는 전분으로 신체 내에서 잘 흡수되지 않습니다. 귀리, 찬밥, 감자, 덜 익은 바나나 등에 많이 함유되어 있습니다.

전분의 호화

전분이 수분과 열에 의해 팽창해 그 물리 화학적 성질이나 구조가 변해서 점도 증가, 수용성 증가, 부피 증가 등의 성질을 가지는 쪽으로 변화되는 과정입니다. 전분의 수분함량이 많을수록 호화는 잘 일어나며, 쌀의 호화는 60~65℃에서 시작합니다.

전분의 노화

호화된 전분을 실온에 방치하면 시간이 경과함에 따라 점차 굳어지면서 식미가 저하되는데, 이러한 현상을 화학적으로 전분의 노화라고 합니다.

쌀의 향

생쌀이나 익은 쌀에는 특징적인 향이 있습니다. 생쌀의 향을 구성하는 휘발성 성분은 지금까지 확인된 것만 79개 정도며, 이들 휘발성 성분의 조합에 의해 향이 나는 것으로 알려져 있습니다.

그리고 쌀의 휘발성 성분은 대부분 호분층에 존재합니다. 그러므로 도정률이 높아질수록 휘발성 성분은 감소하고, 고두밥에서 향이 나는 정도도 약해집니다.

아밀로펙틴(Amylopectin)

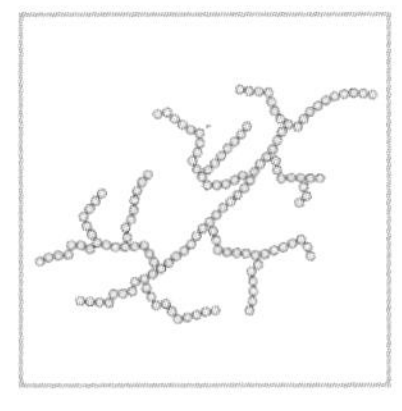
아밀로펙틴

찹쌀에 90% 이상 존재하는 다당류의 일종으로 포도당 24~30개의 가지가 하나로 붙어 있는 조합입니다. α 1-4 그리코사이드 결합 외에 α 1-6 그리코사이드 결합이 동시에 존재하는 구조로 아밀로로스와 비교해 빨리 가수분해되는 특징이 있습니다.

아밀로스(Amylose)

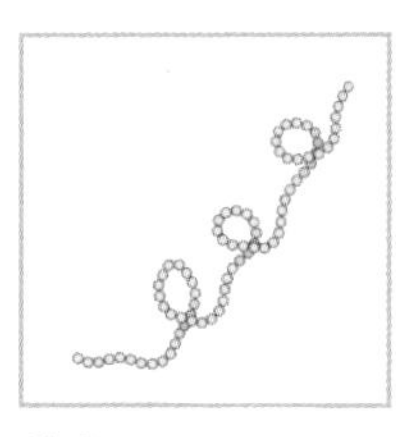
아밀로스

아밀로펙틴과 함께 멥쌀에 20~30% 존재하는 다당류의 일종으로 대부분 α 1-4 그리코사이드 결합으로 되어 있으며, 300~3,000개 또는 그보다 많은 수의 포도당이 중합된 고분자입니다. 특히 아밀로스의 긴 선형 사슬형태는 아밀로펙틴의 사슬형태보다 쉽게 결정화되기 때문에 소화효소에 대한 내성이 강해 분해가 상대적으로 어렵습니다.

전통주에 쓰이는 기타 전분 재료들

조

좁쌀이라고도 합니다. 전분 비율은 74~76% 정도입니다. 다른 양조 원료에 비해 작은 알갱이에 껍질이 단단합니다. 대부분 가루를 내어 이용합니다. 대표적인 술은 '제주도 오메기술'이 있습니다.

메밀

차로 쓰는 쓴 메밀과 음식용으로 쓰이는 단 메밀 2가지가 있습니다. 술을 만들 때는 단 메밀을 도정해서 껍질을 벗기고 가루를 내어 쌀과 혼합해 쪄내어 사용합니다. 대표적인 술은 '봉평 메밀막걸리'가 있습니다.

옥수수

옥수수는 특유의 고소한 맛을 가지고 있어 술의 재료로 많이 쓰입니다. 하지만 전분 비율이 20~30%밖에 되지 않아 단일 재료로는 술을 만들기가 어렵습니다. 대표적인 술은 '전선 아우라지 옥수수막걸리'가 있습니다

고구마

전분 비율이 20~35%밖에 안 되는 고구마는 단일 재료로 술을 만들기 어려워 쌀이나 밀가루 등의 전분을 추가해 술로 만듭니다. 1960년대에 고구마막걸리가 생산됐던 적이 있습니다.

감자

고구마와 같이 전분 비율이 14%로 매우 낮아 단일 재료로 술을 만들기는 어렵습니다. 대표적인 술은 '강원도 서주'가 있습니다.

효소가 하는 일

효소는 단순단백질로 구성되어 있으며, 술이 이용되는 효소로는 전분분해효소, 단백질분해효소, 지질분해효소가 있습니다. 이 중 전분분해효소는 전분(탄수화물)을 포도당으로 분해해주는 효소입니다.

비가역적 반응을 보이는 효소의 반응온도는 상온(4도 이상~80도 미만), 상압에서 진행되며, 80도를 넘으면 실활됩니다.

전통주 발효에 작용하는 효소는 누룩에서 제공받으며, 탄수화물을 분해하는 효소의 명칭은 아밀라아제입니다. 아밀라아제는 작용 기전에 따라 알파아밀라아제와 베타아밀라아제, 글루코밀라아제로 나누어집니다.

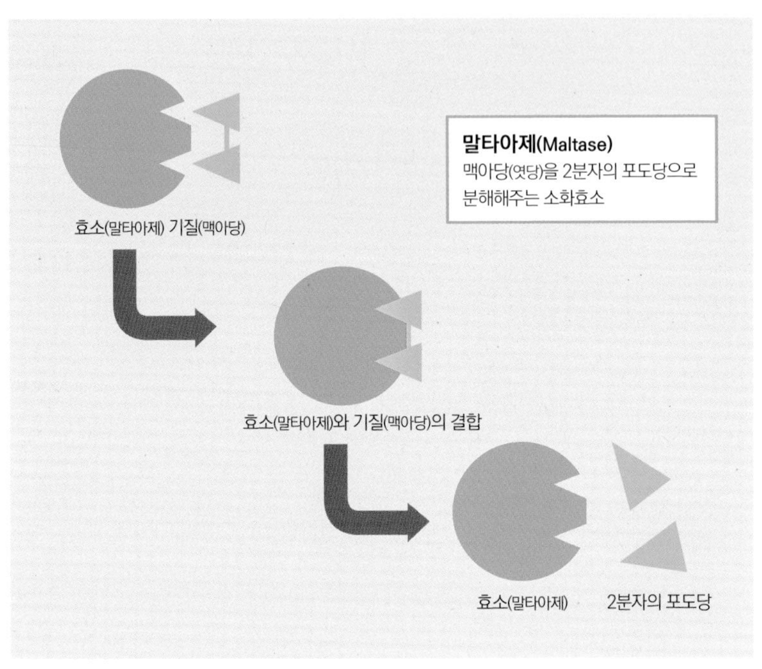

효소의 기질특이성(substrate specificity, 基質特異性)

1. α-아밀라아제

전분을 덱스트린(Dextrin)과 약간의 맥아당(Maltos)으로 가수분해하는 효소입니다. 일반적으로 액화효소라고도 합니다. 전분의 α-1, 4-글루코시드결합을 무작위 가수분해합니다.

2. β-아밀라아제

전분의 말단에서부터 α-1, 4-글루코시드 결합을 순차적으로 맥아당으로 분리하는 당화효소입니다. 맥아, 소맥, 대두, 감자 등에 많이 존재합니다.

3. 글루코밀라아제

전분을 비환원성 말단에서부터 α-1, 4-글루코시드결합과 α-1, 6-글루코시드결합 둘 다 끊어 포도당으로 바꿔주는 효소입니다. 이 말을 쉽게 말해 전분을 100% 포도당으로 바꾸어 주는 당화효소입니다.

4. α-글루코시다아제(α-Glucosidase)

검정곰팡이(Aspergillus niger)의 배양물에서 얻어진 효소, 맥아당이나 올리고당의 α-D-글루코시드결합을 절단(가수분해)해서 당과 비발효성당(아글리콘, 전이반응)을 형성하는 반응을 촉매하는 효소들의 대표 이름으로 이 중 말토스(맥아당)에 특히 잘 작용하는 것을 말타아제(Maltase)라고 합니다.

효모가 하는 일

효모에 대한 총정리

효모(Yeast)의 어원은 '끓는다'라는 뜻의 그리스어로부터 온 말입니다. 진핵생물인 효모는 약 1,500여 종이 알려져 있으며, 주요 양조용 효모는 Saccharomyces Cerevisiae입니다.

효모 세포는 지름이 평균 3~4μm 정도입니다. 효모는 출아(Bud- ding)의 형식으로 증식합니다. 출아는 평균 2시간마다 한 번씩 이뤄지며, 성장부터 사멸까지 72시간이 걸립니다.

1ml 술덧 속에 1마리 효모는 56시간 뒤면 2억 마리가 넘어 최대치에 도달합니다. 효모는 통성혐기성(Facultative anaerobic)이기 때문에 산소가 없어도 당을 이용해 에너지를 얻어 살아가는 것이 가능합니다.

효모는 상면효모와 하면효모로 나누어집니다. 효모는 산소가 있을 때는 주로 생장을 하며, 산소가 없을 때는 알코올(에탄올)과 탄산을 만들어냅니다.

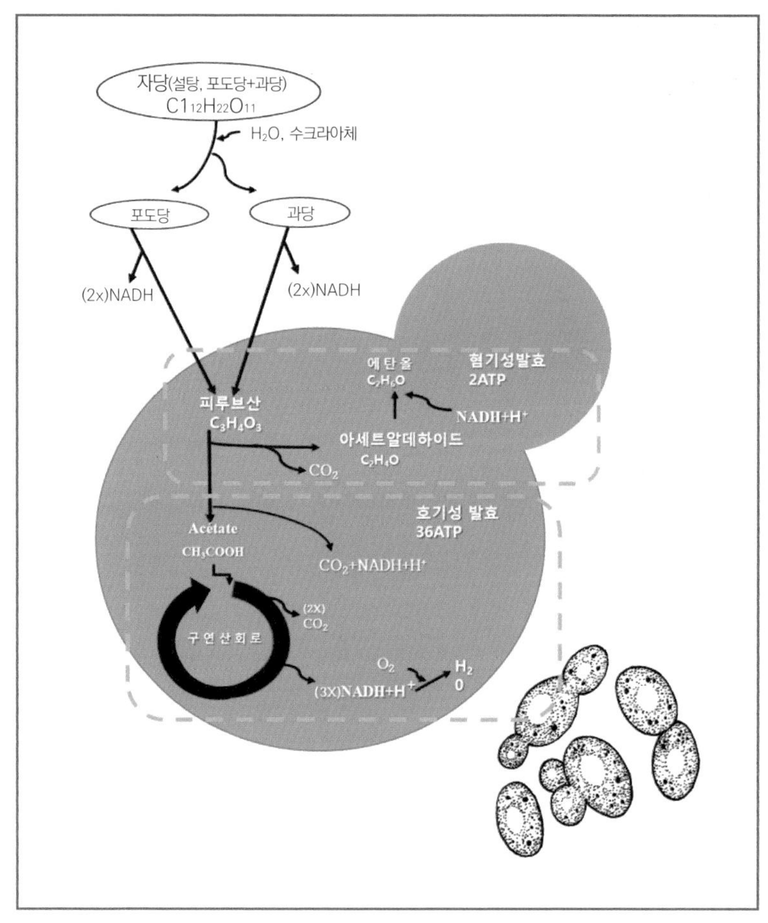
자당(설탕, 포도당+과당)
$C1_{12}H_{22}O_{11}$
H_2O, 수크라아체
포도당
과당
(2x)NADH
(2x)NADH
에탄올
C_2H_6O
혐기성발효
2ATP
피루브산
$C_3H_4O_3$
NADH+H+
아세트알데하이드
C_2H_4O
CO_2
호기성 발효
36ATP
Acetate
CH_3COOH
CO_2+NADH+H+
(2X)
CO_2
구연산회로
O_2
H_2
0
(3X)NADH+H+

효모의 발효

야생효모와 배양효모의 차이

1. 야생효모

- 식물, 곡물, 토양, 공기 등 자연에 많이 서식한다.
- 생육온도가 낮다.
- 산과 건조에 강하다.
- 장형으로 길게 생겼다.
- 가정에서 만든 누룩에 존재한다.

2. 배양효모

- 공장에서 효모를 선택해 대량 배양한다.
- 생육온도가 야생효모보다 높다.
- 산과 건조에 저항력이 약하다. 원형이나 타원형이 많다.

Q 최초로 효모를 발견한 사람은?

A 현미경을 최초로 만든 네덜란드 과학자인 안톤 반 레벤후크(Antonie van Leeuwenhoek)로 1680년에 발견했습니다.

Q 최초로 효모의 기능을 알아낸 사람은?

A 루이 파스퇴르(Louis Pasteur)가 1859년에 발견했습니다.

Q 최초로 효모를 분리하고 순수 배양한 사람은?

A 에밀 크리스티안 한센(Emil Christian Hansen, 네덜란드 맥주회사 칼스버그 직원)이 1883년에 발견했습니다.

양조로 보는 발효의 기본개념

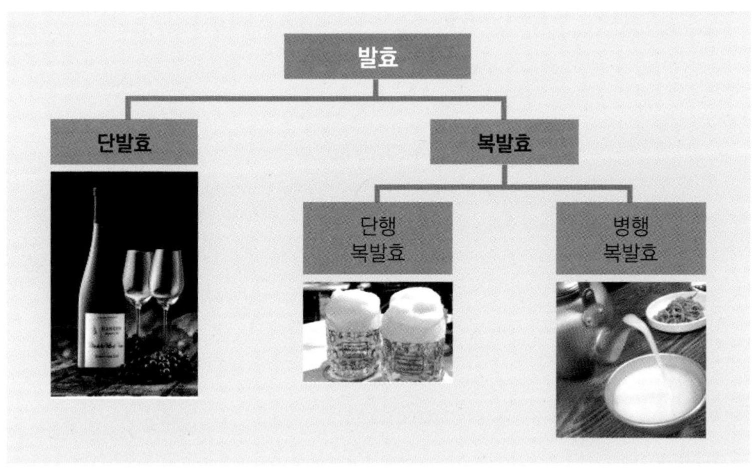

양조로 보는 발효

1. 단발효

단발효는 당을 즉시 알코올로 만드는 것을 말합니다. 즉, 과실 등 당을 포함하고 있는 원료에 효모를 투입해서 바로 알코올을 만드는 것입니다.

과실(과일)주는 당분이 많은 과일을 이용한 술로 대표적인 '단발효주'입니다.

당 ⟶ 알코올
(효모)

2. 복발효

단행복발효

전분을 우선 모두 당화한 다음 발효를 시작합니다. 맥주를 만드는 공정에서 주로 쓰는 방식입니다.

1차 : 당화　전분 ⟶ 당
(효소)

2차 : 발효　당 ⟶ 알코올
(효모)

병행복발효

당화와 알코올 발효가 동시에 진행되는 것을 말합니다. 굳이 순서를 따지자면 처음은 당화가 시작되고 뒤이어 알코올 발효가 일어납니다. 이 발효방식을 병행복발효라 합니다. 우리나라 전통주를 만들 때 사용하는 방식으로 발효제는 재래누룩입니다.

발효제인 재래누룩 속에는 '곰팡이가 만들어낸 효소'와 대기 중에서 자연 접종된 '효모'가 존재하며, 효소가 곡류의 전분을 분해해 당을 만들어내면 이 당을 효모가 섭취해서 알코올과 탄산가스를 만들어내게 됩니다.

	당화		발효	
전분	⟶	**당분**	⟶	**알코올 + CO_2(탄산가스)**
	당화효소제		효모(미생물)	

쌀이 알코올로 변환되는 양

1. 백미에 존재하는 전분의 양은?

곡물 100g 기준으로 쌀에는 약 73g의 전분이 존재합니다.

2. 전분이 분해되며 생기는 포도당의 양은?

전분 100g은 111.1g의 포도당으로 분해되며 생성됩니다.

3. 포도당이 발효되며 생기는 알코올의 양은?

포도당 100g은 51.1g(64.35ml)의 순수알코올로 전환됩니다.

4. 이의 과정을 종합하면 아래와 같습니다.

• 전분의 알코올 전환

전분 $C_6H_{10}O_5$	+ 물 H_2O	→ 포도당 $C_6H_{12}O_6$	→ 2 C_2H_5OH	+ 2 CO_2
162	18	180	92	88
		100	51.1	48.8

5장

전통주 만들기

좋은 쌀 고르기

전통주의 주재료는 쌀입니다. 쌀 속의 전분을 이용해 술을 만드는 것인데, 쌀의 상태에 따라 주질이 현격히 달라질 수도 있습니다.

그렇다면 가장 좋은 쌀은 무엇일까요? 두말할 것 없이 국내산 쌀입니다. 거기다가 햅쌀이면 더 좋습니다. 그리고 도정한 지 얼마 안 된 쌀, 이렇게 삼박자가 갖춰지면 술을 만들기 위한 최고의 쌀이라고 말할 수 있을 것입니다. 그리고 가급적 쭉정이(깨지거나 덜 자란 쌀 상태가 안 좋은 쌀, 색이 어두운 쌀 등)가 적은 쌀이 좋을 것입니다.

전분(탄수화물)

현미 중 70~75%에 해당합니다.

누룩에 접종된 곰팡이가 분비한 효소인 알파-아밀라아제에 의해 액화되며 글루코아밀라아제에 의해 포도당으로 전환됩니다.

단백질

현미 중 7~8%에 해당합니다.

발효 중에 아미노산으로 분해됩니다.

지방

현미의 약 2% 정도, 배아 부분에 많이 함유되어 있습니다.

회분

현미 중 약 1%, 미생물의 생육에 필요합니다.

칼륨, 인, 마그네슘, 칼슘, 비타민

배아 부분에 많고, 수용성 비타민 B가 주로 함유되어 있습니다.

수분 : 11~12%

멥쌀과 찹쌀

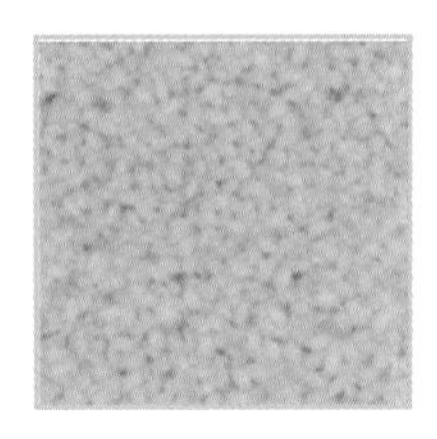
멥쌀

멥쌀은 메벼를 찧은 쌀을 말하며, 맵쌀은 쪄서 약간 말린 다음 찧어서 껍질을 벗긴 메밀을 말합니다.

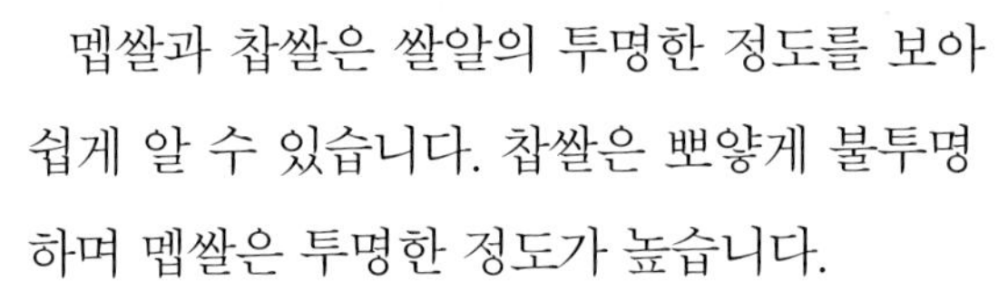

멥쌀과 찹쌀은 쌀알의 투명한 정도를 보아 쉽게 알 수 있습니다. 찹쌀은 뽀얗게 불투명하며 멥쌀은 투명한 정도가 높습니다.

찹쌀

쌀에 들어가 있는 녹말은 아밀로스와 아밀로펙틴으로 두 가지인데, 찹쌀은 아밀로펙틴으로 구성되어 있고, 멥쌀은 아밀로스가 20%, 아밀로펙틴이 80%로 구성되어 있습니다.

술을 만들 때 찹쌀을 주재료로 하게 되면 멥쌀로 술을 만들 때보다 비교적 더 달고 바디감이 있다고 합니다. 왜 그럴까요? 이유는 멥쌀보다 많은 아밀로펙틴이 발효 시 일부가 바디감이 있는 잔당(덱스트린) 형태로 남게 되어 감칠맛과 바디감이 비교적 많이 느껴지기 때문입니다.

피해야 할 쌀은?

오래된 쌀은 저장조건에 따라 화학적인 변화가 일어나 안 좋은 냄새가 날 확률이 높습니다, 수분증발 등을 겪으며 쌀알조직이 경화되어 수분흡수가 어려워질 수 있습니다. 쌀 표면이 노란색으로 바래게 됩니다. 이와 같은 현상을 고미화라 합니다. 오래된 쌀을 쓰면 비용은 절감됩니다. 그러나 주질은 좋아질 수 없습니다.

쌀에 관한
주요 상식

혼합미보다는 80% 이상의 순도를 갖는 단일 품종을 고르는 것이 좋습니다. 최근에 도정한 것일수록 산화가 적습니다. 도정도가 높을수록 단백질과 지방이 제거되어 좋은 술을 만들 수 있습니다(단백질은 수분이 쌀알 내부로 침투하고 쌀알이 팽창하는 것을 방해하며 발효할 때 쓴맛을 내는 성분으로 바뀔 수 있습니다. 지방이 많으면 지방의 산화로 인한 불쾌취가 날 수 있습니다).

- 쌀알에 반점이 있거나 금이 가 있는 것은 사용하지 않는 게 좋습니다.
- 싸래기나 부서진 쌀이 정상 쌀 대비 얼마나 많은지 꼼꼼하게 확인해야 합니다.
- 쌀은 공기 중에 놓아두면 산화되므로 밀봉 후 냉장 보관하는 게 좋습니다.

- 쌀을 온전히 보관하려면 완전 밀폐하는 게 좋습니다.
- 오래된 쌀은 침지할 때 식초 한두 방울 넣어주면 묵은쌀 냄새가 사라집니다.
- 고추나 마늘을 쌀과 함께 보관하면 벌레가 생기는 것을 막아줍니다.
- 오래된 쌀과 새 쌀을 섞어 놓으면 새 쌀을 빨리 상하게 합니다.
- 쌀은 크게 자포니카(단립종, 안남미라고도 함)와 인디카(단립종)로 나뉩니다.
- 인디카는 한국, 일본, 대만, 중국 일부 지역에서 주식으로 사용합니다.

포장양곡 표시사항 일괄표시(예)

품 목	쌀	생산자 [가공자 또는 판매원]	
중 량	10KG	주 소	OO도 OO시 OO로 OO번
원 산 지	국내산	상 호 명	OO미곡종합처리장
품 종	추청	전화번호	000) 000-0000
생산연도	2016년	등 급	특, (상) 보통 또는 등외
도정연월일	2017.2.14	단백질함량 (임의표시)	수, (우), 미 단백질 함량이 낮을수록 밥맛이 우수

쌀과 건강

콜레스테롤 저하효과

혈중 콜레스테롤 농도는 동맥경화를 원인으로 하는 심질환 발생의 주요 위험인자로 식이성분에 의해 영향을 받습니다. 최근 쌀의 콜레스테롤 저하 작용에 대한 연구가 미강을 중심으로 활발하고 백미, 현미의 콜레스테롤 저하 효과와 특히 쌀에서 분리된 쌀단백질의 고지혈증 개선 효과가 있음이 알려졌습니다.

항산화 효과

쌀, 특히 현미에는 비타민E나 오리자놀, 토코트리에놀과 같은 강한 항산화제가 다량 함유되어 있습니다. 쌀의 지방이 산화되기 쉬운 불포화지방산으로 대부분 구성되어 있으나 쉽게 산화되지 않는 것은 이들이 존재하기 때문입니다. 또한 이러한 항산화제는 인체 내에서는 생체막의 손상이나 지질의 과산화를 억제해서 노화방지에도 중요한 역할을 합니다.

혈압 조절 효과

최근에 백미 또는 미강의 단백질 분해산물 중에서 혈압상승에 관련되는 효소의 활성을 저해하는 펩타이드가 분비되어 백미 및 미강이 혈압상승을 억제하는 효과가 기대되고 있습니다.

당뇨예방 효과

쌀밥은 다른 곡류에 비해서 인슐린 분비를 지극하지 않아서 인체지방의 합성과 축적이 억제되어 비만을 예방할 수 있습니다. 또한 혈당량의 급격한 증가를 초래하지 않아 당뇨병의 예방에도 효과적입니다.

돌연변이 억제, 암예방 효과

쌀에는 각종 돌연변이 유발원에 대한 돌연변이 억제효과가 있으며, 이러한 돌연변이 억제효과는 백미보다 현미에서 더 높고 쌀을 가공처리했을 때도 활성이 소실되지 않습니다.

구분	구성성분	영양분
외강층	파라핀 성분	
쌀눈	미타민과 미네랄 풍부	66%
미강(호분층)	섬유질,식물성 지방	29%
백미	탄수화물,단백질	5%

쌀의 구성성분

우리가 먹는 쌀에는 이처럼 좋은 점들이 많습니다. 그러나 무분별하게 과다 섭취하면 체내에서 전분이 분해되며, 발생하는 포도당이 지나치게 많아지며, 지방간을 초래할 수 있으니 적절히 먹어야 합니다.

또한 이와 같은 쌀의 효능은 대부분 미강과 현미에 존재하는 성분들에 의한 것입니다.

술 만들기 좋은 물 고르는 법

배우 전광렬이 주연한 〈허준〉이라는 드라마에서 허준이 스승 유의태에게 쫓겨나는 장면이 있습니다. 쫓겨난 이유는 약을 달이기 위해 매일 꼭두새벽 깊은 산속 옹달샘에서 물을 길어와야 했지만, 허준은 그를 시기하는 무리에게 속아 개천물을 길어왔고 이 물맛을 본 유의태가 격노했기 때문입니다.

술을 만드는 물도 마찬가지입니다. 우리 선조는 가능한 최고의 물을 찾기 위해 노력을 했습니다. 요즘도 술을 지극정성으로 만드시는 분들은 술공장을 짓기 전에 좋은 수원지를 찾아 긴 시간 동안 답사를 다니십니다. 그러나 술을 만드는 공부를 하는 우리가 현재 쓸 수 있는 물은 두 가지 종류밖에 없습니다.

첫 번째가 수돗물입니다. 가장 흔하게 구할 수 있는 물입니다. 우리나라 수돗물은 단물(연수)에 속합니다. 많은 분이 수돗물에 대해 우려하는 부분이 있습니다만, 그래도 우리나라 수돗물은 세계적으로 수질이 좋은 물입니다. 안심하시고 쓰셔도 됩니다.

두 번째 물은 국내에 시판하는 생수입니다. 생수는 제조사의 특성에 따라 미생물 증식과 생육에 필요한 미네랄이 적절히 들어 있는 물이 있습니다. 이물질이 없는 무균상태의 깨끗한 물이라 끓이지 않고 바로 사용할 수 있다는 이점이 있습니다. 수돗물과 함께 연수에 속합니다.

경수와 연수의 구분

물의 경도는 물에 포함된 칼슘과 마그네슘의 양을 의미하며, 함유 정도에 따라 단물(연수), 센물(경수)로 구분합니다.

함유 정도는 미네랄 중에서도 탄산칼슘($CaCo_3$)이 1L(1,000cc)에 얼마나 들어 있는가를 확인해서 분류하게 되는 것입니다.

따라서 경도의 표기 단위는 mg/L as $CaCO_3$가 되며, mg/L(ppm)로 표기하기도 합니다.

연수는 일반적으로 경도가 75mg/L 이하인 물을 말하며, 경수는 경도가 300mg/L 이상인 물을 말합니다. 한국과 일본의 음용수 기준은 300mg/L 이하며, 보통 우리가 마시는 수돗물은 70~100mg/L(ppm) 정도이므로 연수에 해당됩니다.

경수와 연수는 맛에서도 차이가 있는 만큼 그 쓰임새도 저마다 다릅니다. 제빵에서는 120~181mg/L(ppm) '아경수'를 많이 씁니다. 경수 속에 들어 있는 적당한 양의 미네랄이 이스트의 생명활동에 반드시 필요한 먹이 역할을 하기 때문이라고 합니다. 그리고 그 이상의 경수는 빵이 써지기 때문에 잘 쓰지 않는다고 합니다.

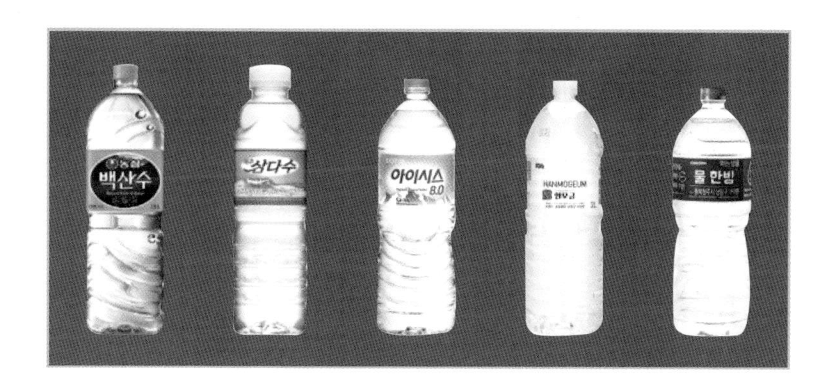

좋은 양조용수 찾기

제품의 주요성분인 양조용수는 양조과정 중 모든 원료와 효소의 용제가 됩니다. 그리고 물속에 미량으로 존재하는 무기성분들은 발효를 담당하는 효모가 살아가기 위한 필수 영양소입니다. 그러므로 술을 만들 때 총재료의 60% 이상을 차지하고 있는 양조용수가 주질에 미치는 영향은 대단히 클 수밖에 없습니다. 좋은 양조용수는 무색투명하고 잡미와 잡취가 없으며, 중성 내지 알칼리성이어야 합니다. 적당량의 유효성분을 함유하고 유해 미생물 및 유해성분이 적은 것을 선택해야 합니다.

물에 있는 성분 중에 술맛을 해치는 성분으로는 철과 망간이 있습니다. 철은 주류를 착색시키는 물질이며, 아미노카보닐(Amino-carbonyl) 반응을 촉진해서, 향미를 나쁘게 합니다. 그리고 망간은 일광 착색의 촉매역할을 해서 주류의 빛에 대한 안정성에 부정적인 영향을 미칩니다.

분석항목	수질기준
pH	5.8~8.5
암모니아성 질소	0.5ppm 이하
질산성 질소	10ppm 이하
철분	0.3ppm 이하
망간	0.3ppm 이하
증발 잔유물	500pm 이하
염소 이온	250ppm 이하
경도	300ppm 이하
대장균	불검출

양조용수(음용수) 수질기준

누룩
선택하기

누룩은 통밀이나 쌀 등의 원료를 굵거나 고운 가루로 만들어 일정한 형태로 뭉쳐서 만든 것입니다. 형태에 따라 병곡(떡누룩)과 낱알로 만든 산국(흩임누룩)으로 구분합니다. 병곡(떡누룩) 중에서 곡물의 입자에 따라 분곡과, 조곡으로 구분하며, 약초를 직접 넣거나 즙으로 만들어 넣은 누룩은 초곡으로 불렀습니다. 또한 누룩에 끼는 균의 색상에 따라서는 황곡, 백곡, 흑곡 및 홍국 등이 있습니다.

금정산성 누룩은 둥그렇고 얇고 넓은 형태를 띠고 있는 특이한 모양의 누룩입니다. 역사가 오래된 누룩이며, 어느 지방에도 보이지 않는 크기와 형태의 누룩입니다.

진주곡자 누룩은 시판되는 누룩들과 비교했을 때 술의 색이 비교적 맑고 누룩 향이 강하지 않은 것이 특징입니다. 같은 회사에서 판매되고 있는 앉은뱅이 밀로 만든 누룩이 유명합니다.

시판되는 누룩 중에 가장 오래된 누룩 중의 하나인 송학곡자 소율곡 누룩은 오래된 만큼 사용해본 사람도 많습니다. 색이 약간 진하고 누룩 향이 짙은 것이 특징입니다.

제주도 오메기 누룩은 만드는 방법도 독특합니다. 일반 누룩처럼 성형하는 틀이 따로 있는게 아니라 집에 있는 종지에 넣고 성형합니다. 지름이 10㎝ 정도입니다.

통밀누룩은 전통주를 만들 때 가장 많이 사용되는 누룩으로 대체로 사각이나 원형으로 많이 성형됩니다.

이화곡은 쌀가루로 만드는 누룩입니다. 이화주를 만들 때 주로 쓰입니다.

외국에도 우리나라처럼 자국의 상황과 성격에 맞는 누룩이 있습니다.

누룩에 있는 곰팡이와 효모의 종류와 특성

누룩곰팡이(자낭균류 아스퍼질러세과 아스퍼질러스속)

백색, 황색, 녹색 등이 있으며, 황색곰팡이는 당화력이 강한 특성이 있습니다.

· *Asp awamori* : 흑색이나 흑갈색을 띠며 전분당화력과 단백질 분해력이 강합니다.
· *Asp luchuensis* : 흰색의 백국균으로 산 생성 능력이 강합니다.
· *Asp usamii* : 흑색으로 글루코산 개미산 등을 생성합니다.
· *Asp oryzae* : 회갈색으로 강력한 당화효소를 생성합니다.

거미줄곰팡이(접합균류 무코어아세아과 모나커스속)

대표균으로 Rhizopusdeimar Rhizopus japonicus가 있습니다. 백색에서 점점 회백색 회흑갈색으로 변화합니다. 발효 최적의 온도는 약 25~30도입니다. 생전분의 당화가 가능합니다(생쌀막걸리 제조가능).

발효효모(Yeast)

· *Saccharomyces cerevisiae* : 맥주와인, 상면발효효모
· *Saccharomyces carisbergensis* : 하면발효효모로 상면발효효모의 변이에 의해 발생
· *Saccharomyces coreanus* : 탁약주효모
· *Saccharomyces sake* : 청주효모
· *Saccharomyces awamensis* : 주정효모

당화력이 무엇인가요?

당화력이란 누룩 등 발효제(효소) 1g이 1시간 동안 전분을 포도당으로 전환(또는 당화)시킬 수 있는 능력(전환되는 포도당이 10mg이면 1sp임)을 말합니다. 당화력이 높으면 그만큼 힘이 좋은 것이라 빨리 술이 될 것이고 당화력이 낮으면 술이 느리게 되거나 실패할 수도 있습니다. 시판되는 재래누룩은 당화력이 300sp 이상입니다.

당화력이 1,200sp 이상인 개량누룩은 재래누룩과는 달리 술을 만드는 데 우수한 몇몇 양조용 곰팡이를 접종해 만들어 재래누룩보다 당화력이 월등하게 좋습니다. 높은 당화력으로 개량누룩은 술을 실패할 확률이 재래누룩보다 적으며 술이 빨리 만

구분	누룩 종류	당화력	특징	용도
재래 누룩	소율곡 누룩	약 300sp	전통방식으로 만든 누룩으로 자연접종을 통해 다양한 균들이 존재하게 되어 술맛이 복잡하고 오묘합니다.	막걸리보다는 다양주를 만들 때 좋습니다.
증자용 개량누룩	누룩	1,200sp 이상	술 만드는 데 우수한 균을 접종배양한 누룩으로 술맛이 단조롭지만 술이 빨리 잘됩니다. 생쌀가루 발효가 가능합니다.	초보자 및 막걸리를 만들 때 좋습니다.
무증자용 개량누룩		1,800sp 이상	생쌀 발효가 가능하고, 맛이 단조롭습니다. 산 생성능력이 뛰어나 술이 십니다.	빠른 막걸리, 소주를 만들 때 좋습니다.

들어집니다. 심지어 쌀가루로 술을 만들 수도 있습니다. 시중에 시판되는 막걸리 중에도 고두밥이 아닌 쌀가루로 만든 막걸리가 있습니다. 그리고 당화력이 1,800 이상이 되어 생쌀로 술을 만들 수 있는 무증자용 개량누룩이 있습니다.

입국

누룩을 만들고 보관하는데 습도만큼 영향을 주는 요소는 없을 것입니다. 일본은 사면이 바다인 섬나라로 우리나라에서 생산되는 형태의 떡누룩을 만들고 띄우기에는 무척 열악한 환경입니다. 섬나라 특성상 높은 습도로 인해 누룩을 띄우는 과정 중 마르는 과정에서 제대로 마르지 않아 누룩 안쪽이 쉽게 썩어버리게 됩니다. 그래서 일본은 일찍이 떡누룩 만들기를 포기하고 입국을 제조했습니다. 고두밥 낱알에 백국균을 살포한 후 골고루 섞어주는 방법으로 누룩을 만들었습니다.

이화곡 만들기

고려시대 때부터 만든 이화주를 만들 때 주로 쓰이는 누룩으로 멥쌀을 불려 쌀가루를 낸 다음 오리알만한 크기로 단단히 뭉치고 짚대나 쑥대에 넣고 띄우면 됩니다. 이화주는 보통 배꽃 필 때 만들었다고 해서 붙여진 이름입니다.

연화주국 만들기

연화주국은 우리나라 옛 문헌인 《산가요록》과 《역주방문》에 나오는 가장 대표적인 흩임 누룩으로 오늘날의 입국식 술 만들기와 유사한 방법입니다. 하지만, 입국과 다른 점은 접종하지 않고 자연의 방법으로 띄우는 것입니다. 연화주국은 연화주를 만들 때 쓰이는 누룩으로 술에서 연꽃 향이 난다 해서 붙여진 이름입니다. 그러나 연화주국에는 연꽃이 전혀 들어가지 않습니다.

재료는 멥쌀을 불려 고두밥을 찌고 초재(닥나무 잎과 쑥)를 깔고 띄우는 방식으로 병국 형태로 만들지 않고 흩임 누룩으로 만듭니다.

그 외의 누룩

백수환동주국(白首還童酒麴) : 《양주방(1837)》에 기록되어 있는 누룩으로 마시면 흰머리 노인이 어린아이로 회춘할 수 있다는 '백수환동주'를 만드는 전용 누룩입니다.

만전향주국(滿殿香酒麴) : 《임원십육지(1827)》에 기록되어 있는 누룩으로 술향이 집 안에 가득할 정도로 진하게 향이 나는 술인 '만전향주'를 만들 때 쓰이는 전용 누룩입니다.

신국(神麴) : 《본초강목에(1596)》에 나오는 누룩으로 여러 약재가 들어가는 주조용 누룩입니다.

고두밥 만들기

술을 만들기 위해 쌀을 가공하는 방식 중에 하나인 고두밥은 물에 불린 쌀을 찜기에 얹혀 김으로 쪄낸 것을 말합니다.

옛날에는 가마솥에 불린 쌀이 들어 있는 시루를 얹고 시루와 가마솥 사이에 시루번을 붙여 김이 안 새게 하고 몇 시간 동안 김을 올렸습니다. 중간에 위아래를 섞어주고 찬물로 김을 식히고 다시 김을 올려 쪄내기를 반복해서 만드는 힘들고 복잡한 과정을 겪었습니다.

그러나 요즘은 김을 올리는 방식으로 지속적으로 땔감을 넣는 아궁이 방식이 아니라 가스레인지나 전기밥솥 등 여러 방식이 발달해서 간단하게 고두밥을 만들 수 있습니다.

고두밥 만드는 순서

1단계 세미

쌀을 깨끗이 씻는 단계입니다. 주조할 쌀을 대야에 넣고 백세(百洗, 백번 씻음, 즉 깨끗히 씻음)해서 쌀의 노폐물을 최대한 제거해줍니다.

2단계 침지

깨끗이 씻은 쌀을 쌀의 종류와 상태에 따라 30분~2시간 정도 물에 불려 놓습니다. 이때 쌀은 쌀무게 대비 20~30% 정도의 수분을 머금게 됩니다.

3단계 물빼기

30분~2시간 동안 침지한 쌀을 30분 정도 소쿠리에 놓아 물이 완전히 빠지게 합니다. 이렇게 물이 완전히 빠져야 고두밥을 제대로 만들 수 있습니다.

4단계 고두밥 찌기

가정에서 가스불에 찜기를 이용하는 기준으로 멥쌀은 60분 찌고 20분 뜸 들이며, 찹쌀은 40분 찌고 10분 뜸을 들입니다. 이 시간은 찜기나 가스의 화력조절 상황에 따라 달라질 수 있습니다.

5단계 고두밥 식히기

잘 쪄진 고두밥을 사진처럼 발에 펼쳐 놓고 위아래를 뒤집어 주며 골고루 식혀 주어야 합니다. 차게 잘 식힌 후에는 바로 투입을 해야 합니다. 식힌 후 오래 방치하면 말라버리므로 주의해야 합니다.

쌀의 분류

1. 인디카(Indica)

- 장립형으로 길고 가느다란 특징이 있음.
- 자포니카보다 푸석거림.
- 우리나라에서는 '안남미'라고도 부름.
- 중국 남부와 동남아 베트남 등이 원산지.
- 현미 낱알 1천 개의 무게가 25g 전후, 아밀로스 성분이 약 25%
- 세계 쌀 생산량 및 무역량의 90% 차지.

2. 자포니카(Japonica)

- 단립형으로 둥글고 짧은 형태 우리나라 쌀은 자포니카에 속함.
- 현미 낱알 1천 개의 무게가 19~23g, 아밀로스 성분이 약 20%

· 세계 쌀 생산량 및 무역량의 약 10% 차지.

3. 자바니카(Javanica)

· 대부분의 조성이 자포니카와 비슷함.

· 인도네시아 자바섬이 산출지.

범벅 만들기

범벅이란 다양주(이양주, 삼양주, 오양주 등)를 만들 때 주로 쓰는 방식입니다. 물에 불린 쌀을 가루 내어, 끓는 물을 부어, 개어주는 방식으로 범벅이 제대로 완성되면 쌀가루가 반숙반익의 형태가 됩니다.

이 방식은 쌀가루의 호화 정도가 중간 정도이므로 완전호화 되어 있는 죽이나 설기보다 미생물들이 이용하기 어려워 시간이 걸리게 되며, 걸리는 시간만큼 효모는 배양을 하게 되어 개체 수가 기하급수

적으로 늘어나게 됩니다.

범벅을 만드는 방법은 개인마다 차이가 있을 수 있으며, 아래에 언급하는 방식은 가장 일반적인 방식입니다.

물에 불린 쌀가루를 한 번 빻아 채에 곱게 내리고 옆의 사진과 같이 삼등분을 합니다. 각 부분에 준비한 뜨거운 물을 빠른 시간 내에 충분히 부으면서 개어 뜨거운 물이 쌀가루에 골고루 흡수되게 해줍니다. 3부분을 이처럼 순서대로 해주어 범벅이 투명한 느낌이 나면 잘된 것으로 차게 식혀 주면 됩니다.

주의 1 : 범벅을 하는 내내 물은 100도를 유지해야 합니다. 다시 말해 계속 끓고 있는 상태여야 합니다.

주의 2 : 범벅이 복사지처럼 하얗게 되면 실패한 것입니다. 이 상태로 술을 만들면 미생물의 전분 이용률이 떨어지게 되어 주질이 나빠질 수 있습니다.

구멍떡
만들기

1. 쌀가루를 익반죽한 다음 크기를 손 바닥만 하게 하고 얇은 구멍떡을 만들어줍니다.

2. 끓는 물에 구멍떡을 넣고 구멍떡이 떠오를 때까지 기다립니다. 떠오르면 다 익은 것입니다.

3. 떠오르는 구멍떡을 채에 올려서 모아놓고 주걱으로 완전히 형태가 없어질 때까지 으깨어 줍니다.

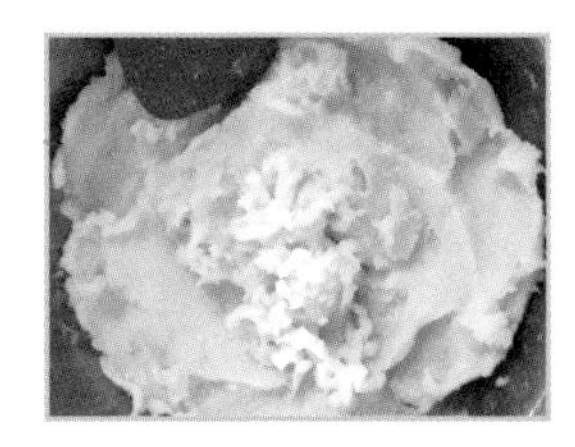

4. 사진처럼 완전히 으깨주면 완성입니다.

완성된 술 채주하기

1. 완성된 술을 채주하기 위해 커다란 양푼과 채주틀 그리고 채주망을 준비합니다.

2. 베보자기나 면보자기 또는 망사보자기에 적정한 양의 술덧을 옮겨 넣어 줍니다.

3. 양손을 좌우로 자연스럽게 교차해가며 부드럽게 눌러 짜줍니다.

4. 마지막에는 빨래 짜듯 해서 술덧에서 술을 최대한 많이 뽑아줍니다. 이때 너무 세게 짜면 보자기가 터질 수 있으니 조심하셔야 합니다.

전통
막걸리 만들기

물과 쌀 그리고 재래누룩만을 이용해 만드는 옛날 방식의 막걸리입니다. 옛날엔 술을 망치는 것을 막기 위해 누룩을 쌀 양의 거의 절반을 넣고 만들었습니다. 이렇게 탁주가 완성되면 쿰쿰한 누룩향이 진하게 나고, 신맛이 많이 나는 게 특징입니다. 신맛을 좋아하는 분들은 상당히 매력을 느낄 수 있는 막걸리입니다.

| 준비물 |

찹쌀 4*kg*, 끓여 차게 식힌 물 5L, 재래누룩 1kg, 15L 이상 용량의 발효조

| 프로세스 |

1. 끓여서 차게 식힌 물이나 시판되는 생수 5리터를 준비합니다.
2. 준비한 찹쌀로 고두밥을 찌고 빠른 시간 내에 차게 식힙니다.
3. 발효조에 차게 식은 고두밥과 재래누룩을 넣고 5분 이상 밥알이 으깨질 정도로 세게 치댄 후 뚜껑을 덮고 발효를 시작합니다.
4. 다음 날부터 맑은술이 뜰 때까지 매일 위아래를 뒤집어 줍니다.
5. 뒤집어 주면서 맛을 보다가 본인의 입맛에 맞으면 채주를 합니다.
6. 3~7일 정도 냉장숙성합니다.
7. 물을 첨가해서 먹기 좋은 막걸리를 만듭니다.
8. 1일 이상 냉장고에서 숙성한 후 음용합니다.

응용
막걸리 만들기

특별한 발효기술이 없던 옛날에는 막걸리에서 쿰쿰한 누룩향과 두드러지는 신맛이 나는 게 당연한 것으로 받아들였습니다. 그러나 요즘 사람들은 향이 좋고 단맛이 돌며, 깔끔한 느낌의 막걸리를 선호합니다.

응용 막걸리는 전통 막걸리에서 발생하는 누룩향과 신맛을 획기적으로 줄여주는 방식의 막걸리로서 마시기 좋은 부드러운 막걸리입니다. 응용 막걸리는 하우스 막걸리를 시작하려는 분이면 반드시 마스터해야 하는 술입니다.

| 준비물 |

찹쌀 4*kg*, 끓여 차게 식힌 물 5L, 재래누룩 50g, 개량누룩 50g, 양조효모 2.5g, 15L 이상 용량의 발효조

| 프로세스 |

1. 끓여서 차게 식힌 물 5L를 준비합니다. 또는 시판되는 생수 5L를 준비합니다.
2. 준비한 찹쌀로 고두밥을 찌고 빠른 시간 내에 차게 식힙니다.
3. 발효조에 차게 식은 고두밥과 재래누룩, 개량누룩, 양조효모 그리고 물 5L를 함께 넣고 5분 이상 밥알이 으깨질 정도로 세게 치댄 후 뚜껑을 덮고 발효를 시작합니다.
4. 다음 날부터 맑은술이 뜰 때까지 매일 위아래를 뒤집어 줍니다.
5. 뒤집어 주면서 맛을 보다가 본인의 입맛에 맞으면 채주를 합니다.
6. 채주한 술을 3~7일 정도 냉장숙성합니다.
7. 물을 첨가해서 먹기 좋은 막걸리를 만듭니다.
8. 1일 이상 냉장고에서 숙성한 후 음용합니다.

약선주 1, 당귀 막걸리 만들기

당귀 막걸리는 향이 무척 고급스러운 막걸리로 만들어 내놓으면 맛을 보는 많은 분들에게 찬사를 받습니다. 한잔 쭉 들이키면 마치 보약 한 사발 들이켠 것처럼 귀한 대접받고 몸이 보양되는 느낌이 코끝으로 밀려 나와 마시는 것을 멈출 수가 없게 됩니다.

당귀에 대해 전해내려오는 이야기도 재미있습니다. 옛날에는 전쟁에 나가는 자식과 남편의 허리춤에 꼭 당귀를 싸주었다는 것입니다. 왜 싸주었을까요? 배고플 때 먹으라고요?

아닙니다. 전쟁이 끝나고 지쳐 쓰러져 있을 때 허리춤에 차고 있던 당귀를 먹으면 힘이 생겨 집에 돌아갈 수 있기 때문이랍니다. 그래서 이름이 당귀입니다. 이걸 먹으면 마땅히 돌아온다는 것입니다. 맛과 향에 뛰어난 약성까지 다 갖춘 당귀 막걸리는 꼭 만들어 맛을 봐야 합니다.

| 준비물 |

찹쌀 4*kg*, 끓여 차게 식힌 물 5L, 재래누룩 50g, 개량누룩 50g, 양조효모 2.5g, 말린 당귀 10g, 15L 이상 용량의 발효조

| 프로세스 |

1. 끓여서 차게 식힌 물 5L를 준비합니다. 또는 시판되는 생수 5L를 준비합니다.
2. 준비한 찹쌀로 고두밥을 찔때 당귀를 넣고 골고루 섞어 함께 찝니다.
3. 발효조에 차게 식은 고두밥과 재래누룩, 개량누룩, 건조효모 그리고 물 5L를 함께 넣고 5분 이상 밥알이 으깨질 정도로 세게 치댄 후 뚜껑을 덮고 발효를 시작합니다.
4. 다음 날부터 맑은술이 뜰 때까지 매일 위아래를 뒤집어 줍니다.
5. 뒤집어 주면서 맛을 보다가 본인의 입맛에 맞으면 채주를 합니다.

6. 채주한 술을 3~7일 정도 냉장숙성합니다.

7. 물을 첨가해서 먹기 좋은 막걸리를 만듭니다.

8. 1일 이상 냉장고에서 숙성한 후 음용합니다.

*** 주** : 당귀의 투입량에 대해서는 개인적인 취향에 따라 결정합니다.

약선주 2,
국화 막걸리 만들기

가을과 누이를 대표하는 국화는 약으로, 차로 다른 어떤 재료보다 쓰임이 많은 꽃입니다. 향은 우리나라 10대 차로 자리매김할 만큼 좋으며, 간과 눈을 치료하는 뛰어난 약성으로 한약재료로도 널리 쓰이고 있습니다.

국화가 들어간 막걸리는 술의 특성으로 국화의 효능이 몸에 더 빨리 전해지므로 단순한 술을 마시는 것과는 차원이 다른 몸에 이로움을 줄 수 있습니다. 물론 술이므로 과음을 하

면 안 될 것입니다.

| 준비물 |

찹쌀 4*kg*, 끓여 차게 식힌 물 5L, 재래누룩 50g, 개량누룩 50g, 건조효모 2.5g, 국화 70g, 15L 이상 용량의 발효조

| 프로세스 |

1. 끓여서 차게 식힌 물 5L를 준비합니다. 또는 시판되는 생수 5L를 준비합니다.
2. 준비한 찹쌀로 고두밥을 찝니다.
3. 뜸을 들이기 전에 고두밥 위에 국화를 올려놓습니다.
4. 발효조에 차게 식은 고두밥과 재래누룩, 개량누룩, 건조효모를 함께 넣고 5분이상 밥알이 으깨질 정도로 세게 치대 줍니다.
5. 다음 날부터 맑은술이 뜰 때까지 매일 위아래를 뒤집어 줍니다.
6. 뒤집어 주면서 맛을 보다가 본인의 입맛에 맞으면 채주를 합니다.
7. 채주한 술을 3~7일 정도 냉장숙성합니다.
8. 물을 첨가해서 먹기 좋은 막걸리를 만듭니다.
9. 1일 이상 냉장고에서 숙성한 후 음용합니다.

*** 주** : 국화의 투입량에 대해서는 개인적인 취향에 따라 결정합니다.

고급 전통주 만들기, 이양주 약주

두 번 만든다는 뜻의 이양주는 삼양주와 오양주로 가기 위해서 반드시 익히고 가야 하는 필수코스로 고급 전통주 만들기의 시작입니다.

보다 제대로 된 술을 만들기 위한 일련의 방법으로 미생물 배양이라는 개념이 들어가게 됩니다. 미생물 배양은 누룩의 약한 힘을 보완하기 위한 방법으로, 많은 고문헌의 주방문에서 쓰이는 주조 방식입니다.

미생물 배양기술을 접목한 이양주부터는 개량누룩이나 양조용 효모 등 기타 발효제에 의존하지 않고 전통방식의 누룩만 사용해 술을 만들게 되며, 여기서 주모(酒母)라는 용어가 등장하게 됩니다. 미생물 배양에 쓰이는 주모는 죽, 범벅, 고두밥, 구멍떡, 개떡 등 다양한 방식으로 만들 수 있습니다.

| 준비물 |

멥쌀가루 1.6kg, 찹쌀 4kg, 끓여 차게 식힌 물 5L, 재래누룩 800g, 15L 이상 용량의 발효조

| 프로세스 |

1. 물에 2시간 불린 멥쌀가루 1.6kg과 끓고 있는 물 5L로 범벅을 만듭니다.
2. 차게 식힌 범벅에 누룩을 넣고 묽어질 때까지 치대어 밑술을 완성합니다.
3. 밑술을 발효조에 넣고 22~25도를 유지해줍니다.
4. 밑술을 만들고 48시간 후에 찹쌀로 고두밥을 찝니다.
5. 밑술이 담겨 있는 발효조에 차게 식은 고두밥을 넣고 골고루 잘 섞어 줍니다.
6. 뚜껑을 닫고 정상 발효가 될 수 있도록 22~25도를 유지해줍니다.
7. 10일째 술덧을 위아래 저어줍니다.
8. 약 2~4주 후 맑은술이 위에 뜨면 맛을 보고 채주합니다.
9. 채주한 술을 냉장숙성합니다.
10. 뿌연 앙금이 다 가라앉으면 맑은술만 분리해줍니다.
11. 분리한 맑은술을 병에 넣으면 이양주 완성입니다.

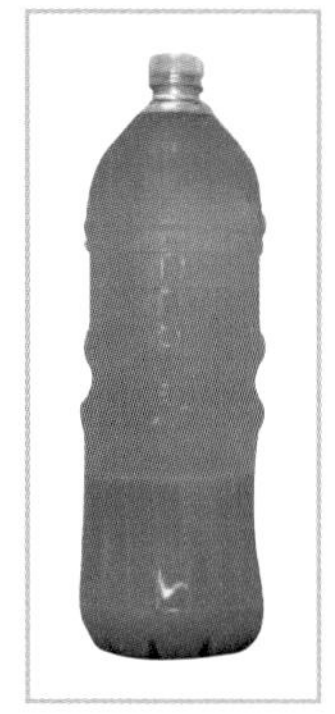
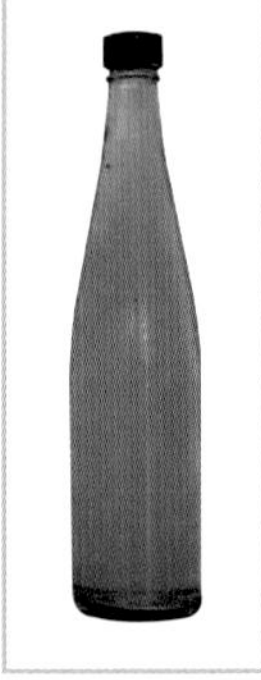

앙금이 다 가라앉으면 맑은술만 병에 넣습니다.

고문헌 전통주 만들기, 산가요록 이화주

못 먹어본 사람은 있어도 한 번밖에 안 먹은 사람은 없다는 이화주는 배꽃과 같이 뽀얀 술입니다. 술이 매우 걸쭉해서 입에 대고 마시는 게 아닌 수저로 떠먹는 재미가 있는 술입니다. 새콤달콤한 맛과 낮은 알코올 도수로 특히 여성들에게 인기가 좋은 술입니다. 투입되는 재료는 쌀가루와 이화곡이며, 쌀가루를 익반죽해 구멍떡을 만든다는 특징이 있습니다.

이화곡 처리 방법

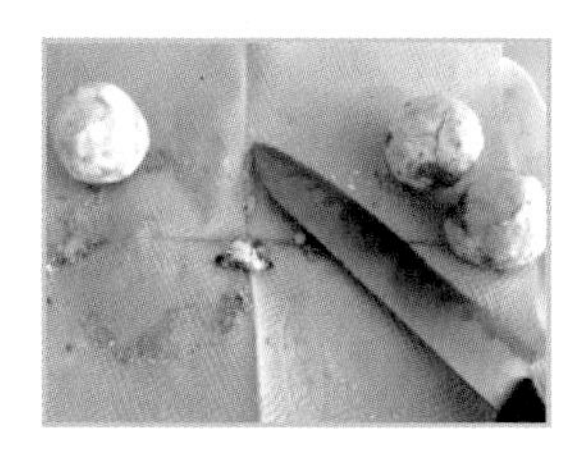

1. 잘 띄운 이화곡의 표면을 칼로 긁어 이물질들을 없애줍니다. 이 과정은 매우 중요한 과정으로 제대로 제거해주지 않으면 주질이 나빠질 수도 있습니다.

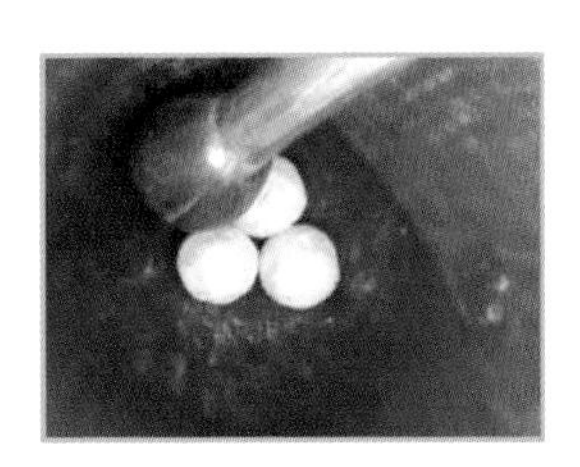

2. 이화곡을 가루 내어줍니다. 가루 낼 때는 믹서를 쓰지 마시고 쇠절구를 이용해 최대한 곱게 잘 빻아줍니다.

3. 곱게 잘 빻은 이화곡을 아주 고운 체로 걸러주며, 곱게 안 빻아진 이화곡은 다시 곱게 가루 내어줍니다.

【레시피 원문】

멥쌀 1말을 깨끗이 씻어 곱게 가루 내어 구멍떡을 만들고 푹 찝니다. 식으면 이화곡을 겉껍질을 벗기고 곱게 가루 내어 체로 쳐서 1.3되로 해서 입구를 꼭 막고 작은 구멍을 냅니다. 15일이 지나면 쓰는데 맛이 매우 달고 향기롭습니다. 냉수를 타서 마시기도 합니다.

【원문 풀이】

멥쌀을 5.3kg을 깨끗이 씻어 곱게 가루 내어 구멍떡을 만들고 푹 찝니다. 식으면 이화곡의 겉껍질을 벗기고 가루 내어 체로 칩니다. 체로 친 고운 가루 520g과 구멍떡, 구멍떡 삶은 물을 합해서 잘 치댄 뒤 항아리에 담아 입구를 꼭 막고 작은 구멍을 냅니다. 15일이 지나면 음용할 수 있는데 그 맛이 매우 달고 향기롭습니다. 냉수를 타서 마시기도 합니다.

- 출처 : 풀어쓴 고문헌 전통주 제조법(국립농업과학원 농식품자원부 발효이용과)

곱게 가루 낸 이화곡과 으깬 구멍떡

완성된 이화주

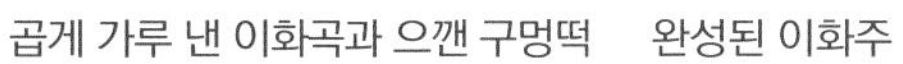

고급 전통주 만들기, 소주 내리기

우리나라에 소주가 유래된 시기는 고려시대 몽골제국 칭기즈칸(成吉思汗)의 손자인 쿠빌라이(忽必烈)가 일본 원정을 위해 한반도에 주둔했을 때인 것으로 알려져 있습니다. 개성, 안동, 제주도 등 몽골군의 각 주둔지에서 자신들이 마실 소주를 내리게 되면서 제조법이 자연스럽게 전해지게 된 것입니다.

소주는 보관과 유통이 용이할 뿐아니라 주요 약으로도 널리 알려져《동의보감(외형 편)》에도 수록이 되어 있습니다.

通血脈, 爲百藥之先.

혈맥을 통하게 하므로, 모든 약에서 으뜸이 된다.

溫服微 醺, 爲妙.

따뜻하게 데워서 약간 취한 듯하게 마시는 것이 좋다.

지역에 따라 부르는 이름도 다양한 소주(아락주 : 개성, 효주 :

① 소주내리기
출처 : 안동소주박물관
② 소주고리
출처 : 국립전주박물관
③ 소주고리
출처 : 국립중앙박물관
④ 고소리
출처 : 국립제주박물관

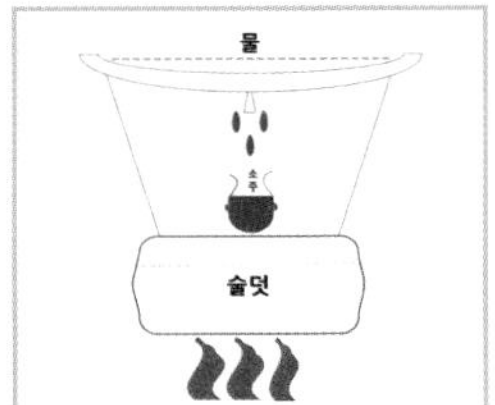

우리나라 전통 증류장치 중에 하나인 '는지'로 보는 증류 원리('는지'는 소주고리와 원리는 같지만 형태가 다른 증류 장치)

해남, 세주 : 경상북도, 아랑주 : 제주도)는 고급술로 약으로 인기가 많았습니다만, 소주를 만들기 위해 들어가는 막대한 곡물을 문제 삼아 민가에서는 만들지 못하게 금지령을 내려야 한다는 상소가 올려지기도 했다고 합니다.

소주(증류주) 내리기

소주(증류주)는 초류, 중류(본류), 후류 세 가지로 분류됩니다. 투입된 술양의 1/3만 받거나 받은 술의 알코올 도수가 45도

숙성 중인 소주(증류주)

가 되면 증류를 멈춥니다. 증류된 술의 알코올 도수는 투입된 술 알코올 도수의 3배입니다. 가장 처음 증류되어 나오는 술은 메탄올이 함유되어 있으므로 일정량을 받아서 버려야 합니다. 남은 술 2/3는 다음 증류하는 술과 함께 증류합니다. 메탄올은 끓는점이 65도며, 에탄올은 끓는점이 78도입니다.

저장 및 숙성용 술은 한 번 더 증류해서 알코올 도수 65도 이상의 술로 만듭니다. 소주는 항아리 숙성을 기본으로 하며, 오크통에 숙성해서 싱글라이스 위스키를 만들기도 합니다.

위스키 이야기

숙성을 위해 오크통에 들어갈 증류주의 알코올 도수는 60~65도 정도입니다. 오크통의 크기가 작을수록 위스키 숙성이 빨라지며, 오크통의 크기가 클수록 위스키 숙성은 느려집니다.

투명한 원액의 증류주는 오크통에서 숙성을 하면서 오크통의 성분이 술에 침출되어 색, 맛, 향이 나게 됩니다.

위스키는 오크통에서 2~3년은 숙성해야 어느 정도 맛과 향, 색상이 우러나며, 황화메틸 같은 유해성분도 없어집니다.

오크통에서 숙성 기간이 10~15년 정도가 되면 맛과 향을 내는 성분이 더 이상 늘어나지 않습니다. 오크통에서 숙성 중에 알코올과 더불어 기타 다른 휘발 성분들도 같이 증발해서 없어지게 됩니다. 위스키 제조국가는 각 나라마다 법적으로 몇 년 숙성해야 한다는 기준이 있습니다. 영국에서는 오크통에서 3년 이상 숙성해야 위스키라고 부를 수 있습니다.

위스키는 어떤 오크통을 쓰느냐에 따라서 위스키의 맛과 향이 결정됩니다. 버번위스키는 속을 그을린 오크통을 사용해야 한다는 규정이 있습니다.

오크통에서 숙성 시 평균 매년 2%의 증발이 일어납니다. 양조업자들은 이를 천사의 몫이라고 부릅니다.

일반적으로 오크통을 보관하는 장소와 온도 습도 등의 방법에 따라 위스키의 특징이 다르게 됩니다.

오크통에서 숙성 중인 위스키

기타 증류장비

동 증류기(알람빅)

단식 증류기

다단식 증류기

감압식 증류기

증류에 대해서

증류는 여러 성분이 혼합되어 있는 액체에서 비점(끓는점)의 차이를 이용해 목적물을 분리해내고 농축하는 방법 중의 하나입니다.

전통주에서 증류는 발효를 마친 술덧에 열을 가해 알코올(에탄올)을 뽑아내고 차게 식히는 과정을 통해 알코올(에탄올)을 응축해 소주를 만드는 방법입니다.

과거에는 소주고리를 이용해 증류주(소주)를 만들었으나 최근에는 단식 증류기, 다단식 증류기, 감압식 증류기 등 다양한 증류기들을 이용해 소주를 만들고 있습니다.

발효를 마친 술덧을 증류하면 비점(끓는점)에 따라 다음과 같은 알코올이 분리됩니다.

비점(℃)	알코올 종류	기타
20.8	아세트알데하이드	초류
64.7	메탄올	초류
78.2	에탄올	본류
82	이소프로필알코올	본류
97	N-프로필알코올	본류
128	활성아밀알코올	후류
162	푸루푸랄	후류

메탄올은 인체 내에서 흡수되어 포름알데히드라는 물질로 변환됩니다. 에탄올은 인체 내에서 흡수되어 아세트알데하이드라는 물질로 변환됩니다.

6장

고조리서 이야기

우리나라 최초 고조리서, 산가요록

《산가요록》은 1450년 전순의(全循義, 세종~세조대 뛰어난 명의)에 의해 지어졌다고 합니다. 우리나라 최초의 고조리서며 당시(15세기) 조선 음식문화연구에 도움이 될 소중한 기초자료입니다.

총 56종의 술 만드는 방법이 수록되어 있으며, 같은 술이지만 다른 방법을 제시한 것까지 하면 총 69종이나 됩니다.

이 책에 수록된 온실설계법은 서양의 온실설계법보다 약 170년 정도 앞선 것으로 보입니다.

이화주(梨花酒) 쌀 15말

二月初亦可。米十五斗。二月上旬日, 白米五斗, 浸水經宿。翌日細末重篩, 以水量意和合, 堅實作塊, 形如鴨卵。裹 以蒿草, 如 裹 卵形。隨草長短 裹 盡, 合盛于空石, 置之 温 突, 以空石 覆 之。七日後翻置, 二七日又翻置, 三七日 出。即削去 麁 皮, 一塊破作三四片, 盛于笥, 覆 以單 袱, 每日 清 明曝 晒。梨花欲開未開時, 作末重篩, 白苧細布更 篩。以白米十斗, 細末重篩, 作孔 餠。沸湯蒸出, 暫歇還合, 盛大器, 覆 以盖, 出外則易乾。小小除出於槽底, 將 前末量意和合。米一斗末五升, 以手裳摩擦再三, 若乾難, 合以前孔 餠 沸湯水待冷洒之。如手掌大, 十分待冷入瓮, 令倚列瓮邊, 而虛其中。三四日後, 開見, 若温氣欝結, 則出外待冷, 還入瓮。 置冷處, 五月十五日, 開用之, 其 味甘香。

2월 상순에 멥쌀 5말을 하룻밤 물에 담가두었다가 그 이튿날 곱게 가루를 내어 체질한다. 물을 잘 조절해서 단단하게 뭉쳐 오리알 같이 덩어리를 만들고 쑥으로 덩어리를 싸되 풀길 이에 따라 싼다. 다 싸면 빈 섬에 담아 따뜻한 온돌에 놓아두고 빈 섬으로 덮어준다. 7일 후에 뒤집어 14일을 놓아뒀다가 다시 뒤집어 21일을 둔 다음에 꺼내서 거친 껍질을 제거하고 덩어리 하나를 3~4조각으로 깨서 상자에 담아 홑보자기로 덮어둔다. 날이 맑으면 매일 볕을 쬐어준다. 배꽃이 막 피려 하고 아직 피지 않았을 때 가루를 내어 다시 흰 모시나 고운 베에 내리고 다시 멥쌀 10말을 곱게 가루 내고 다시 체질해서 구멍떡을 만들어 끓는 물에 삶아낸다. 잠시 두었다가 큰 그릇에 함께 담아 뚜껑을 덮어 밖에 내놓으면 쉽게 마른다. 아주 조금만 술주조 밑바닥에 떼어놓고 앞서 만들어 둔 가루 적당량을 쌀 1말, 누룩가루 5되와 섞어 손으로 2~3번 뒤적인다. 만약 다 말라버려 섞기 힘들면 앞서 만든 구멍떡을 끓는 물에 삶아 식기를 기다렸다가 물을 뿌린다. 손바닥 크기만 하게 만들어 완전히 식기를 기다렸다가 항아리에 집어 넣는데 항아리 가장자리에 붙이고 그 가운데를 비워둔다. 3~4일 후에 열어봐서 만약 온기가 있어 엉기면 꺼내 식혀서 다시 항아리에 집어넣고 차가운 곳에 놓아둔다. 5월 15일에 열어 쓰는데 그 맛이 달고 향기롭다.

양반가의 레시피, 수운잡방

《수운잡방(需雲雜方)》은 조선 초기 1540년 무렵 탁청공 김유가 저술한 요리책입니다. 2012년 5월 14일 경상북도의 유형문화재 제435호로 지정됐습니다.

제목에서 수운(需雲)은 격조를 지닌 음식문화를 뜻하며, 잡방(雜方)은 여러 가지 방법을 뜻합니다. 즉 풍류를 아는 사람들에게 걸맞는 요리를 만드는 방법을 의미합니다. 상하권 두 권에 술 만들기 등 경상북도 안동 지방의 121가지 음식의 조리법을 담고 있습니다. 《수운잡방》은 표지를 비롯해, 25매의 한자의 필사본으로, 하권은 김유의 후손이 덧붙인 것으로 알려지고 있습니다. 재료의 사용에서 가공법에 이르기까지 구체적으로 상세히 기록하고 있어 안동을 중심으로 한 조선전기 양반가의 식생활 모습을 정확하게 알려주고 있다는 점에서 자료적 가치가 매우 큽니다.

상편

삼해주, 삼오주, 2가지 벽향주, 만전향주, 두강주, 벽향주, 칠두주, 2가지 소곡주, 감향주, 백자주, 호도주, 상실주, 하일약주, 또 다른 하일약주, 삼일주, 하일청주, 3가지 하일점주, 진맥소주, 녹파주, 일일주, 도인주, 백화주, 유하주, 이화주조 국법, 2가지 이화주, 오두주, 함향주, 백출주, 정향주, 십일주, 동양주, 보경가주, 동하주, 남경주, 진상주

하편

삼오주, 또 다른 삼오주, 오정주, 송엽주, 포도주, 애주, 황곡화주, 건주법, 지황주, 예주, 황금주, 세신주, 아황주, 도화주, 경장주, 칠두오승주, 오두오승주, 백화주

– 출처 : 수운잡방 홈페이지(www.soowoonjapbang.com)

여성이 쓴 최초의 고조리서, 음식디미방

《음식디미방》은 조선 중기(1670년 현종)경 안동장씨의 정부인(安東 張氏 貞夫人)이 쓴 고조리서입니다. 새로 창작한 레시피와 대대로 전해내려오는 조리법이 적혀 있습니다.

겉표지에는 규곤시의방(閨壼是議方)이라 써 있으며 속 내용 첫머리에는 음식디미방이라 쓰여져 있습니다. 여기서 음식디(지, 知)미방이란 '음식의 맛을 아는 방법'이라는 뜻으로 우리는 이 말을 제목으로 알고 있습니다. 조선 중기 사람들의 식생활을 알아볼 수 있는 중요한 사료입니다.

이 책에 주목해야 할 3가지 특징이 있습니다.

첫째로 동아시아에서 최초로 여성이 쓴 조리서라는 것입니다.

둘째로 고조리서 중 최초로 한글로 쓰여 있다는 것입니다. 심지어 진지하게 궁서체로 쓰여 있습니다.

셋째로 이전의 고조리서와는 달리 내용이 무척 세세하다는 것입니다.

음식디미방에 나오는 오가피주(五加皮酒)

오가피를 무임 둘 제 많이 벗겨 윗 껍질을 벗기고 협도(가위)로 썬다. 볕에 말려서 술 만들 때 다섯 말 만들려면 오가피 썬 것을 한 말을 주머니에 넣어 독 밑에 놓고, 백미 다섯 말을 백 세 작말하여, 죽을 쑤어 식거든, 누룩 다섯 되를 섞어 독에 넣어 두었다가 괴거든 공심(빈속)에 먹으면 풍증과 쉬져인불인증을 고칠 뿐 아니라, 옛사람에 유공도 맹작이란 사람이 평생을 장복하니 나이 삼백을 살고 아들 서른을 낳으니 이제 사람은 병 있고 단명하니 백사(여러 가지일, 온갖 일) 다 버리고 이를 만들어 먹어라.

주방문과 역주방문

조선 중후기에 특히 주방문이나 주작법 같은 이름이 붙여진 술 만드는 방법이 수록된 책들이 한글로 많이 등장했습니다. 이 시기에 주방문이 많이 나타난 이유는 부녀자들이 만드는 음식 중에 제일 까다로운 부분이 술 만들기였기 때문이었을 것입니다. 만드는 방법을 자세히 적어놓지 않으면 다음에 같은 술을 만들 수 없었을 것입니다. 매번 술을 만들 때마다 적어 놓은 것이 모여 하나의 책을 구성하게 됐을 것이며, 며느리나 딸같은 자손들에게 대대로 물려졌을 것입니다. 그 책이 오늘날 우리가 보고 있는 《주방문》입니다.

주방문

술은 음식이었음을 일러주는 《주방문(酒方文)》은 1800년대 말엽에 작성된 것으로 추정됩니다. 저자는 익명으로 단지 하생

원이라 알려져 있을 뿐입니다. 술 제목은 한문이고, 내용은 한글로 된 필사본입니다.

수록된 술제조법은 모두 28종으로 다음과 같습니다.

과하주, 백하주, 삼해주, 벽향주, 합주, 닥주(楮酒), 절주, 자주, 소주(쌀 한 되에 도로 한 되 나는 법), 점주, 연엽주, 감주, 급청주, 송령주, 급시주, 무국주, 이화주, 보리주, 보리소주, 일일주, 소주별방, 일해주, 하향주, 청명주

역주방문

가양주의 전통이 살아 있는《역주방문(曆酒方文)》은 1800년대 중엽에 간행된 것으로 추정됩니다. 저자는 알려지지 않았으며 한문 필사본 1책으로 구성되어 있습니다.

책 제목은 원래 '주방문'으로 되어 있으나 책력 뒤에 적었기 때문에 다른 주방문과 구별하기 위해 '역주방문'이라 부르게 됐다고 합니다.

책에 실려 있는 술의 종류는 다음과 같습니다.

세신주, 신청주, 소곡주, 백자주, 백화주, 녹파주, 진상주, 옥지주, 옥지주 오가소양(吾家所釀), 과하주, 벽향주, 삼해주, 삼오주, 과하주, 하향주, 감하향주, 편주방, 이화주, 향온주, 삼일주, 백화주, 유화주, 두강주, 아황주, 연화주, 오가피주, 소자주, 죽엽주, 송엽주, 모소주1, 모소주2, 삼칠소곡주, 일야주, 광제주, 백화주, 모소주, 삼미주, 소곡주

조선무쌍신식조리제법

1924년에 이용기(李用基 : 위관 韋觀)가 발간한 요리책입니다. '조선무쌍신식조리제법(朝鮮無雙新式料理製法)'이라는 길고 긴 책명을 해석하면 '조선에 둘도 없는, 견줄 만한 것이 없을 정도로 뛰어난 요리책'이란 뜻입니다.

이름 때문인지는 몰라도 1943년까지 총 4판이 나올 정도로 인기가 좋았다고 합니다. 책 표지 또한 우리나라 최초로 채색한 그림을 그려 넣었습니다.

이 책의 저자를 소개하는 글을 보면 "한국사에서 잘 알려진 인물은 아니지만 구전되던 조선 가요 1,400여 편을 집대성한 《악부(樂府)》를 편찬한 지식인이었다. 날건달, 바람둥이라는 평가를 받기도 했지만, 풍류를 좋아하고 미식에 대한 관심도 유별난 것으로 보인다. 그는 당시 최고 요리책으로 꼽히던, 방신영이 쓴

《조선요리제법(朝鮮料理製法)》(1921년, 3판)의 서문을 쓰기도 했다"고 적혀 있습니다.

또한,《임원십육지(林園十六志)》의 정조지(鼎俎志)를 바탕으로 기록했으나 음식에 조예가 깊은 찬자가 음식의 유래를 설명하거나 다른 지역의 음식과 비교하고, 달라지고 있는 음식의 양상에 대한 자신의 견해를 분명히 밝히는 등 독자성을 가미한 부분 또한 존재한다고 합니다.

수록된 내용 중 술 만들기 내용은 술 50종, 소주 9종이며, 술 관련 내용은 누룩 5종과 식초 13종입니다.

【술 만드는 법】

술밑 만드는 법, 술 담글 때 알아둘 일, 술 담그는 날과 기피하는 날, 국미주(麯米酒, 麴米酒), 송순주, 백로주, 삼해주, 이화주, 도화주, 연엽양, 호산춘, 경액춘, 동정춘, 봉래춘, 송화주, 죽엽춘, 죽통주, 집성향, 석탄향, 하삼청, 청서주, 자주, 매화주, 연화주, 유자주, 포도주, 두견주, 과하주, 향설주, 도원주, 동파주, 법주, 송자주, 감저주, 칠일주, 백료주, 부의주, 잡곡주, 신도주, 백화주, 삼일주, 혼돈주, 청주, 탁주, 합주, 모주, 감주, 능금술, 계피주, 생강주

【소주 내리는 법】

소주특방, 수수소주, 옥수수소주, 감홍로, 이강고, 죽력고, 우담소주, 상심소주, 관서홍로주

7장

전통주 서빙 실무

업무 시
마음가짐

매장 생활의 4가지 원칙

나보다 손님의 입장을 존중합니다.

· 나보다 손님의 입장을 더 존중하고 이해해야 합니다.

· 손님들에게 불쾌감을 주지 않도록 행동해야 합니다.

· 호출 시 빠르게 답변하며, 신속하게 이동해 응대합니다.

· 주문은 확실하게 처리해야 합니다.

능률을 생각해야 합니다.

· 매장의 동선 및 배치를 숙지하고 손님을 적절히 분산시켜야 합니다.

· 사장과 종업원 사이에 믿음이야말로 인간 삶의 기반이며 추구해야 할 덕목입니다.

정직하고 성실해야 합니다.

· 공(公)과 사(私)를 분명하게 합니다.
· 손님에게 변명이나 거짓말을 해서는 안 됩니다.

주인의식을 가져야 합니다.

· 매장을 대표하고 있다는 주인의식을 갖고 손님을 응대합니다.
· 업무시간에 휴대폰을 잡고 있거나 개인의 일에 집착해서는 안 됩니다.

매장 업무 시작 전 다짐 사항

손님은 우리 매장에 직접 찾아와 기꺼이 돈을 지불합니다.

크루는 마인드컨트롤을 통해 혹시 일어날 수 있는 트러블에 항시 대비할 수 있는 자세로 임해야 합니다.

· 매장의 일에 긍지를 가지고 있습니까?
· 주문응대를 간결하고 매력적으로 할 수 있습니까?
· 고객에게 믿음을 충분히 줄 수 있습니까?
· 밝은 표정으로 손님에게 응대할 자신이 있습니까?
· 자신이 해야 할 업무를 완전하게 파악하고 있습니까?
· 인내심을 갖고 친절하게 할 수 있습니까?
· 항상 감사하는 마음가짐을 가질 수 있습니까?
· 손님에게 항상 낮은 자세로 겸손하게 응대할 수 있습니까?
· 고객에게 믿음을 줄 수 있습니까?

용모와 복장

T.P.O(Time.Place.Occasion)

전통주 매장에서 사장부터 직원의 복장은 일반 매장보다 더 신경을 써야 합니다. 각 직급별 알맞은 복장을 매장에서 근무하는 때, 매장이 위치한 지역, 매장의 인테리어 상태에 따라 적절하게 결정해야 합니다.

전통한복

전통을 살리자는 취지에서는 무척 좋은 이벤트입니다. 그러나 전통한복은 일하기에는 불편한 면이 있습니다.

개량한복

개량한복도 대체로 여성에게는 잘 어울리나 남성은 잘 어울리는 사람이 많지 않습니다. 옷의디자인이나 가격에 따라 다를 수 있지만, 잘못 입으면 심하게 무성의해 보일 수도 있습니다.

셰프복

주방의 셰프가 아니더라도 본인에게 어울리는 셰프복을 유니폼처럼 입게 되면 술과 음식의 신뢰도를 올려줄 수도 있습니다.

생활복

개성 있는 일반복장은 다양성을 추구하는 현대 사회에 어울리는 복장일 수 있습니다. 다만 청결과 위생에 신경쓴다는 상징적인 표현인 앞치마를 함께 착용하는 게 좋을 것입니다.

매장업무 시작 전 체크사항

머리

· 청결하고 손질은 되어 있습니까?
· 일하기 편한 머리 모양입니까?

복장

· 옷이 매장과 어울립니까?
· 옷매무새는 가지런합니까?
· 옷에서 냄새는 나지 않습니까?
· 어깨에 비듬이 붙어 있지 않습니까?

손

· 손톱의 길이(1mm 이내)는 적당합니까?
· 손은 청결하게 유지하고 있습니까?

신발

· 깨끗이 잘 닦여 있는지 확인을 했습니까?
· 끈은 잘 묶여 있습니까?

액세서리

· 일에 방해가 되는 액세서리는 아닙니까?
· 눈에 심하게 띄거나 혐오스러운 물건은 착용하지는 않았습니까?

구강

· 양치질을 했습니까?
· 입 냄새가 나지는 않습니까?

기타

· 목소리는 어떻습니까?
· 얼굴 표정은 어떻습니까?

서빙할 때 주의사항

서빙하는 전통주의 온도를 음용하기 좋게 유지해줘야 합니다.

전통주를 판매하는 곳 대부분은 시원한 전통주를 병채로 갖다 주고 이후 실온에 노출한 채로 마시고 있습니다. 이 상태로 계속 마시게 되면 실내 온도에 따라 술맛이 점차로 바뀌므로 첫 잔의 맛과 향을 지속해 느끼기 어렵습니다. 가급적 술병을 적정한 음용온도로 유지할 수 있는 상태를 만들어줘야 합니다.

주문한 술을 가져다 줄 때 주문한 손님 방향으로 라벨이 보이게 올려놓습니다.

손님이 주문한 술이 맞는지 확인해야 하므로 서빙 시에는 술의 이름을 알려주며 주도적으로 주문한 손님 쪽으로 라벨이 눈에 보이게 올려놓습니다.

다른 종류의 새로운 술을 주문할 때는 매번 새 잔으로 교체해줍니다.

전통주를 마시는 것은 일반적인 대중 술을 마시는 것과는 다릅니다. 같은 잔에 여러 술을 번갈아 마시면 남은 술이 혼합되어 새로운 술 본래의 맛을 잃어버리게 됩니다.

병뚜껑은 항상 손님 앞에서 오픈합니다.

주문한 술에 대한 오해의 소지가 없어야 합니다. 병뚜껑을 딴 채로 서빙을 하면 여러 가지 의심을 받을 수 있습니다. 기술적인 문제로 밀봉을 해 판매하기 어려운 술은 사전에 상태를 설명하고 양해를 구해야 합니다.

주문한 술의 종류에 따라 적절한 잔을 제공해야 합니다.

전통주의 색과 마시는 방법 그리고 양에 따라 이용해야 할 술잔도 다릅니다. 판매장에서는 취급하는 술의 개성에 맞는 술잔을 여유있게 구비해야 합니다.

전통주 보관 시 주의사항

1. 보존온도를 잘 지켜야 합니다.

전통주의 한결같은 맛을 오래 만끽하려면 보존온도를 잘 지켜야 합니다. 술에 맛을 변화시키는 미생물이 대부분 4℃까지 활동하므로 4℃ 미만의 온도로 저장하는 것이 좋습니다.

2. 한 번 오픈한 술은 다 마십니다.

술집에 가면 마시다 남은 술을 다음에 또 마시기 위해 보관해 놓기도 합니다. 위스키나 전통소주는 가능합니다만, 비살균 전통주는 병 안에 남아 있는 산소로 인해 술이 산화되어 술맛이 변질되는 경우가 발생할 수 있습니다.

3. 빛에 노출되지 않는 곳에 보관합니다.

햇빛에 노출되면 일광취가 생길 수 있습니다. 그리고 햇빛만큼은 아니지만 형광등과 같은 빛에 장시간 노출되면 전통주의 맛이 서서히 변할 수 있습니다. 물론 단시간에 소비될 술은 상관없지만 장기보존되는 술은 더 신경을 써야 합니다.

식품위생법 시행규칙 [별표 1] 〈개정 2020. 10. 16〉

식품 등의 위생적인 취급에 관한 기준(제2조 관련)

1. 식품 등을 취급하는 원료보관실·제조가공실·포장실 등의 내부는 항상 청결하게 관리하여야 한다.
2. 식품 등의 원료 및 제품 중 부패·변질이 되기 쉬운 것은 냉동·냉장시설에 보관·관리하여야 한다.
3. 식품 등의 보관·운반·진열 시에는 식품 등의 기준 및 규격이 정하고 있는 보존 및 유통기준에 적합하도록 관리하여야 하고, 이 경우 냉동·냉장 시설 및 운반 시설은 항상 정상적으로 작동시켜야 한다.
4. 식품 등의 제조·가공·조리 또는 포장에 직접 종사하는 사람은 위생모 및 마스크를 착용하는 등 개인위생관리를 철저히 하여야 한다.
5. 제조·가공(수입품을 포함한다)하여 최소판매 단위로 포장(위생상 위해가 발생할 우려가 없도록 포장되고, 제품의 용기·포장에 '식품 등의 표시광고에 관한 법률' 제4조제1항에 적합한 표시가 되어 있는 것을 말한다)된 식품 또는 식품첨가물을 허가를 받지 아니하거나 신고를 하지 아니하고 판매의 목적으로 포장을 뜯어 분할하여 판매하여서는 아니 된다. 다만, 컵라면, 일회용 다류, 그 밖의 음식류에 뜨거운 물을 부어주거나, 호빵 등을 따뜻하게 데워 판매하기 위하여 분할하는 경우는 제외한다.
6. 식품 등의 제조·가공·조리에 직접 사용되는 기계·기구 및 음식기는 사용 후에 세척·살균하는 등 항상 청결하게 유지·관리하여야 하며, 어류·육류·채소류를 취급하는 칼·도마는 각각 구분하여 사용하여야 한다.
7. 유통기한이 경과된 식품 등을 판매하거나 판매의 목적으로 진열·보관하여서는 아니 된다.

최고의 메뉴판

전통주 소믈리에의 중요한 업무 중 하나는 스토리텔링일 것입니다.

손님이 선택한 술이나 손님에게 권하는 술에 관련된 기본적인 지식을 전달해줄 수 있는 능력이 있어야 합니다.

그러나 위와 같은 방법은 여유 있게 손님이 올 때나 한가로운 매장에서만 가능한 방법일 것입니다. 손님이 바쁘게 들어오고 주문하고 계산하고 나가는 상황에서는 정성스럽게 시간을 할애하기가 쉽지 않을 것입니다.

최근 많은 전통주 전문점에서는 이런 문제점을 해결하고 보다 깊은 지식 전달을 위해 재미있게 잘 만든 메뉴판을 제공합니다.

백곰이 엄선한 맑은 술

번호	이름	도수	용량	가격
1	창녕 우포의 아침 경남 창녕의 특산품인 양파가 함유된 술. 양파의 향이 강하지 않으며 깔끔한 맛이 특징	12%	330ml	6,000
2	포천 R4	5.8%	330ml	6,000
3	평창 감자술 감자를 주원료로 빚는 강원도 평창의 술. 맑고 노오란 빛깔만큼 은은한 맛이 일품	13%	300ml	6,000
4	서울 매실원주 허니	13%	300ml	8,000
5	대전 대덕주	13%	600ml	8,000
6	담양 대잎술	12%	300ml	8,000
7	칠성 백세주	13%	375ml	8,000
8	포천 산사춘	13%	375ml	8,000
9	남원 황진이주 지리산 청정지역의 오미자, 산수유, 구기자 등이 함유된 붉은 빛깔과 달콤한 맛이 매력적인 누구나 좋아할 만한 맛의 약주	13%	375ml	9,000
10	논산 왕주	13%	360ml	9,000
11	김포 특주	15%	375ml	9,000
12	거창 산내음 오미자주	16%	375ml	11,000
13	광주 산양산삼가든 별	13%	375ml	11,000
14	함양 솔송주 골드	13%	375ml	11,000
15	함양 녹파주	15%	375ml	11,000
16	강진 청세주	18%	375ml	11,000
17	경주 황금주	14%	375ml	12,000
18	제주 오메기술	13%	375ml	12,000
19	당진 백련맑은술 당진 해나루쌀에 백련잎을 넣어 쌉싸름하고 개운한 맛이 특징 2014년 삼성그룹 신년 만찬주로 선정되어 주목을 받은 술	12%	375ml	14,000
20	서천 한산소곡주	18%	360ml	16,000

주류표시의 일반사항

위치	구분	표시 예시	활자 크기 (포인트)
주 표시면	제품명	○○○○으로 표시 ※ 제품명에 쌀 등 원료 표기한 경우, 쌀 등 원재료명 및 함량 표시(14포인트) ※ 쌀 등 원료를 주 표시면에 표기한 경우, 쌀 등 원재료명 및 함량 표시(12포인트)	10 이상
	내용량	○L 또는 ○○○ml	10 이상
정보 표시면 (표 또는 단락으로 표시)	식품유형	탁주, 약주, 소주 ※ 살균 제품은 '살균탁주' 또는 '살균약주'로 표시	10 이상
	제조년월일 (병입년)	○○년 ○○월 ○○일 ※ 제조번호(병입년월일) 표시한 경우 제조일자 생략 가능 ※ 제조일 별도표기 시 구체적 위치 명시	10 이상
	유통기한 (품질유지 기한)	예1) ○○년 ○○월 ○○일까지 예2) 제조일로부터 10일까지 ※ 유통기한 표시대상 : 맥주, 탁주, 약주	10 이상

위치	구분	표시 예시	활자 크기 (포인트)
정보 표시면 (표 또는 단락으로 표시)	원재료명 및 함량	정제수, 밀가루, 물엿, 국, 효모, 삭카린나트륨(합성감미료), 아스파탐(합성감미료, 페닐알라닌 함유), ○○올리고당, 대추추출액, 구기자 ※ 제품명에 쌀 등 원료표기 시, 쌀 등 원료 함량을 기재(함량은 원재료명 사용한 정제수 포함한 모든 원료의 합을 100으로 함) ※ 복합 원재료는 그 복합 원재료 명칭 또는 해당 식품의 유형(가상 제품명에 한함)을 표시하고, 괄호로 정제수를 제외한 많이 사용한 순서에 따라 5가지 이상의 원재료명 또는 성분명을 표시(주정, 증류주 원액 제외)	10 이상
	업소명	○○탁주 제조장, ○○도 ○○시 ○○읍 ○○○로 표시	10 이상
	주의사항	① 부정·불량 식품 신고는 국번 없이 1339 ② 어린이, 임산부, 카페인 민감자는 섭취에 주의해주시기 바랍니다. ※ 고카페인 주류에 해당하는 경우에 한함(카페인 함량 ml당 0.15mg 이상 함유 제품)	10 이상
	에탄올	○%	10 이상
	용기 재질	폴리에틸렌테레프탈레이트(PET) ※ '자원의 절약과 재활용 촉진에 관한 법률'에 따라 분리 배출 마크가 표시되면 생략	10 이상
	보관 방법	예1) 10℃ 이하 냉장 보관 예2) 직사광선을 피하고 서늘한 곳에 보관	10 이상
	품목보고 번호	000000000000(12~13 자리) ※ 관할 지방식품의약품안전청에 품목제조보고 시 부여되는 번호	10 이상

제품명	골목막걸리
식품유형	탁주
알코올 함량	6%
내용량	750ml
원재료명 및 함량	정제수, 쌀(국내산), 입국, 효모, 정제효소, 개량누룩(밀), 물엿, 수크랄로스(감미료), 설탕 밀 함유
유통기한	제품 상단 별도표기일 까지
보관방법	냉장보관 (0~10℃)
업소명 및 소재지	(주)우리술 경기도 가평군 조종면대보간선로 29
소비자상담실	070-4115-8525
품목보고번호	2003001523695
부정,불량 식품신고는 국번없이 1399	

※이 제품은 밀, 잣을 사용한 제품과 같은 시설에서 제조하고 있습니다.
※본 제품은 공정거래위원회가 고시한 소비자분쟁해결 기준에 의거 교환 또는 보상 받을 수 있습니다.

8 809056 360074

우리 술
품질인증제도

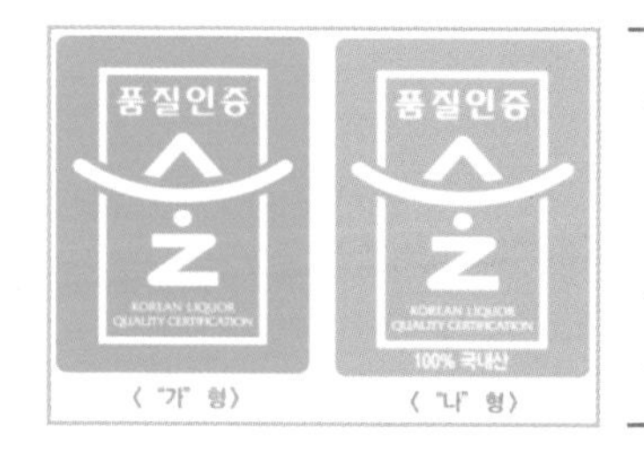

초록색인 '가'형은 품질인증을 받은 막걸리(탁주), 약주, 청주, 과실주, 증류식 소주, 일반 증류주, 리큐르임을 보증

금색인 '나'형은 주원료, 누룩 제조에 사용된 농산물이 100% 국내산임을 인증하는 마크

개요

국가가 인증업무에 필요한 인력과 시설을 갖춘 전문기관을 품질인증기관으로 지정하고, 품질인증기관은 인증 희망업체의 신청을 받아 심사한 후 품질인증기준에 적합한 경우 인증서를 교부하며, 국가는 이들 인증을 받은 제조업체 및 인증품을 대상으로 현장조사와 시판품 조사를 실시하는 제도입니다.

배경 및 경과

· 국가경쟁력 강화위원회에서 우리 술산업 경쟁력 강화방안 발표(2009. 8. 26) 내용에 우리 술의 품질 고급화를 위해 품질 인증제를 활성화하도록 되어 있습니다.
· '전통주 등의 산업진흥에 관한 법률' 제정(2010. 2. 4)과 같은 법 시행령·시행 규칙 공포(2010. 8. 5)로 술품질인증제도 근거를 마련했습니다.

인증 대상 품목

· 발효주 : 탁주(막걸리), 약주, 청주, 과실주
· 증류주 : 증류식 소주, 일반 증류주, 리큐르

* 향후, 기타 주류도 인증 대상 품목으로 할 계획임.

술의 품질인증 및 사후관리 체계

· 품질인증기관으로 지정을 받고자 하는 자는 국립농산물 품질관리원장에게 인증 기관 지정 신청을 하면 심사해서 지정기준에 적합하면 지정합니다.
· 품질인증을 받고자 하는 자는 국립농산물 품질관리원장으로부터 지정을 받은 품질인증기관의 장에게 품질인증 신청을 하면 심사해서 품질인증기준에 적합하면 인증서를 발급합니다.
· 국립농산물품질관리원은 품질인증을 받은 업체를 방문하거나 시중에 판매 중인 제품을 수거해서 인증기준의 적합 여부

를 조사하고, 위반행위를 적발하면 그 위반행위의 정도에 따라 인증 취소 또는 표시 사용 정지 처분 등의 조치를 합니다.

품질인증기관

· 국립농산물품질관리원으로부터 품질인증기관으로 지정받은 기관(2010년 10월 12일부터 신청서 접수 및 심사)

Appendix

부 록

전통주 품평회 심사

전통주 품평회 심사기준

1. 평가요령

(평가항목) 맛, 향, 색상, 후미 및 종합적 관능평가

시료 제시방법

- 관능평가 시 선입견이 발생하지 않도록 시료 무작위 제시
  예) 시료제시 순서는 무작위 세자리 고유번호(난수표)를 부여해 제시
- 특이한 제시조건(온도, 얼음 사용, 용기 등)은 행사집행기관의 검토를 거쳐 결정

배점 : 심사배점은 〈별첨〉의 배점표에 의거하며, 각 부문별 100점 만점으로 함.

관능평가 항목별 기준

- (맛) 술을 한 모금 입안에 담아 혀를 굴려가며, 단맛, 신맛, 쓴맛과 전체적인 맛의 균형감을 평가
- (향) 술의 냄새를 맡아 향기와 이취 및 균형을 구분해 평가
- (색상) 술의 고유 색감(색의 감도)과 탁도를 관찰해 평가
- (후미) 술을 마셨을 때 목에서 느껴지는 알코올 성분의 세기와 무게감(body) 및 쾌감도를 평가

- (종합평가) 술을 마시고 난 후 느껴지는 전반적인 기호도를 종합적으로 평가

- (기타) 한 가지 술에 대한 관능평가 후 반드시 안주나 물로 입안을 헹구고 나서, 다음 시료를 평가

2. 평가방법

(점수계산 및 부문별 순위결정) 각 심사위원의 평가항목별 점수를 합계 내서 고득점순으로 순위를 선정

- 제품의 점수에서 동점이 발생할 경우에는 '맛 〉 향 〉 색상 〉 전체적인 평가' 항목순으로 점수를 비교해 점수가 높은 제품을 선택

*** 심사에 사용되는 소수점수는 사사오입해서 소수 2째자리까지 사용**

(평가표의 정정) 평가자가 평가한 점수를 정정한 경우에는 평가자 본인이 정정한 부분에 정정날인

*** 정정날인을 하지 않거나 표기사항이 애매한 평가표는 무효처리**

(평가결과의 집계·검증) 주관기관 소속직원으로 구성

(결과보고) 평가결과는 신속히 집계한 후 행사집행기관에 제출하며, 심사위원 개개인이 평가한 결과는 공개하지 아니함

3. 심사 준비물

- 검사물 제시에 필요한 술잔(패널 수×부문 출품 수×7개 부문)
- 물, 물컵, 주전자, 식빵, 입 헹굼용 빈 용기, 냅킨 등
- 제품별 심사표, 지우개, 펜 등(패널 수)
- 심사 후 바로 점수를 입력·집계해서 결과를 얻을 수 있도록 통계분석을 위한 엑셀프로그램(Excel program)이 장착된 노트북 컴퓨터를 준비

______________________대회

일 시 :

장 소 :

예 선 :

본 선 :

결 선 :

막걸리 심사 평가항목 및 배점표

샘플번호		평가결과	(점)
평가자 성명	(인)		
정정횟수	(건)	확인자 성명	(인)

항목	평가기준	배점	평가
색 및 탁도 (10점)	※ 외관상 막걸리의 특징적인 색 및 탁도에 따라 평가		
	◦ 약간 벗어난 색상 및 탁도	5	
	◦ 무난한 색상 및 탁도	7	
	◦ 뛰어난 특징적인 색상 및 탁도	10	
향 (25점)	※ 막걸리의 특징적인 향의 존재 및 균형에 따라 평가		
	◦ 균형 잡히지 않은(바람직하지 않은) 싫은 향	10	
	◦ 보통의 무난한 향	15	
	◦ 균형된 좋은 향	20	
	◦ 아주 균형 있는 특유의 좋은 향	25	
맛 (40점)	※ 막걸리의 특징적인 맛과 느낌의 균형성에 따라 평가		
	◦ 바람직하지 않은(조화롭지 못한), 나쁜 맛	10	
	◦ 균형이 잡히지 않은, 나쁜 맛	15	
	◦ 보통의 무난한 맛	25	
	◦ 균형 잡힌 유쾌한 맛	30	
	◦ 균형이 잘 잡히고 막걸리의 특징적인 아주 좋은 맛	40	
후미 (15점)	※ 막걸리의 목 넘김 후의 느낌에 따라 평가		
	◦ 싫은 느낌	5	
	◦ 보통	10	
	◦ 좋은 느낌	15	
종합적 평가 (10점)	※ 막걸리의 색상, 향, 맛 및 후미 등을 종합적으로 평가		
	◦ 나쁨	4	
	◦ 보통	6	
	◦ 좋음	8	
	◦ 아주 좋음	10	
심사 총평			

______________________대회

일 시 :

장 소 :

예 선 :

본 선 :

결 선 :

약주 심사 평가항목 및 배점표

<table>
<tr><td>샘플번호</td><td></td><td rowspan="2">평가결과</td><td rowspan="2">(점)</td></tr>
<tr><td>평가자 성명</td><td>(인)</td></tr>
<tr><td>정정횟수</td><td>(건)</td><td>확인자 성명</td><td>(인)</td></tr>
</table>

항목	평가기준	배점	평가
색 및 탁도 (20점)	※ 약주의 외관상 특징적인 색 및 탁도에 따라 평가		
	◦ 약간 벗어난 색상 및 탁도	5	
	◦ 무난한 색상 및 탁도	15	
	◦ 뛰어난 특징적인 색상 및 탁도	20	
향 (25점)	※ 약주의 특징적인 향의 존재 및 균형에 따라 평가		
	◦ 균형 잡히지 않은(바람직하지 않은) 싫은 향	10	
	◦ 보통의 무난한 향	15	
	◦ 균형된 좋은 향	20	
	◦ 아주 균형 있는 특유의 좋은 향	25	
맛 (30점)	※ 약주의 특징적인 맛과 느낌의 균형성에 따라 평가		
	◦ 바람직하지 않은(조화롭지 못한), 나쁜 맛	10	
	◦ 균형이 잡히지 않은, 나쁜 맛	15	
	◦ 보통의 무난한 맛	20	
	◦ 균형 잡힌 유쾌한 맛	25	
	◦ 균형이 잘 잡히고 막걸리의 특징적인 아주 좋은 맛	30	
후미 (15점)	※ 약주의 목 넘김 후의 느낌에 따라 평가		
	◦ 싫은 느낌	5	
	◦ 보통	10	
	◦ 좋은 느낌	15	
종합적 평가 (10점)	※ 약주의 색상, 향, 맛 및 후미 등을 종합적으로 평가		
	◦ 나쁨	4	
	◦ 보통	6	
	◦ 좋음	8	
	◦ 아주 좋음	10	
심사 총평			

______________________대회

일 시 :

장 소 :

예 선 :

본 선 :

결 선 :

증류식 소주 심사 평가항목 및 배점표

샘플번호		평가결과	(점)
평가자 성명	(인)		
정정횟수	(건)	확인자 성명	(인)

항목	평가기준	배점	평가
색상 (10점)	※ 외관상 소주의 특징적인 색상에 따라 평가		
	◦ 유쾌하지 않은 색상 및 혼탁	4	
	◦ 약간 벗어난 색상	6	
	◦ 무난한 색상 및 탁도	8	
	◦ 맑고 깨끗하며 뛰어난 특징적인 색상	10	
향 (25점)	※ 이취의 유무 및 고유의 다양한 좋은 냄새의 조화도에 따라 평가		
	◦ 이취가 있고 바람직하지 않은 싫은 향	10	
	◦ 부드러우나 이취가 약간 있고 조화롭지 못한 향	15	
	◦ 부드럽고 균형 잡힌 무난한 향	20	
	◦ 이취가 없고 다양한 향이 균형 잡힌 좋은 향	25	
맛 (35점)	※ 특징적인 맛과 조화로움 및 느낌의 균형성에 따라 평가		
	◦ 바람직하지 않은(조화롭지 못한), 나쁜 맛	10	
	◦ 이미가 있으며 균형이 잡히지 않은 맛	15	
	◦ 보통의 무난한 맛	25	
	◦ 맛의 조화가 적절하며 좋은 맛	30	
	◦ 균형이 잘 잡히고 조화로운 아주 좋은 맛	35	
후미 (20점)	※ 목 넘김 후의 느 낌에 따라 평가		
	◦ 싫은 느낌(부조화, 불쾌한 느낌)	10	
	◦ 보통	15	
	◦ 좋은 느낌(조화, 유쾌한 느낌)	20	
종합적 평가 (10점)	※ 색상, 향, 맛 및 후미 등을 종합적으로 평가		
	◦ 나쁨	4	
	◦ 보통	6	
	◦ 좋음	8	
	◦ 아주 좋음	10	
심사 총평			

전통주 면허

한국 전통주란?

전통주 등의 산업진흥에 관한 법률

제2조(정의)

2. '전통주'란 다음 각 목에 해당하는 술을 말한다.
   가. '무형문화재 보전 및 진흥에 관한 법률'에 따라 지정된 주류부문의 국가무형문화재와 시·도무형문화재의 보유자가 '주류 면허 등에 관한 법률' 제3조에 따라 면허를 받아 제조한 술
   나. '식품산업진흥법'에 따라 지정된 주류부문의 대한민국 식품명인이 '주류 면허 등에 관한 법률' 제3조에 따라 면허를 받아 제조한 술
   다. '농업·농촌 및 식품산업 기본법' 제3조에 따른 농업경영체 및 생산자단체와 '수산업·어촌 발전 기본법' 제3조에

따른 어업경영체 및 생산자단체가 직접 생산하거나 제조장 소재지 관할 특별자치시·특별자치도·시·군·구(자치구를 말한다. 이하 같다) 및 그 인접 특별자치시·시·군·구에서 생산한 농산물을 주원료로 제조한 술로서 제8조에 따라 특별시장·광역시장·특별자치시장·도지사·특별자치도지사(이하 '시·도지사'라 한다)의 제조면허 추천을 받아 '주류 면허 등에 관한 법률' 제3조에 따라 면허를 받아 제조한 술(이하 '지역특산주'라 한다)

3. '전통주 등'이란 다음 각 목에 해당하는 술을 말한다.
   가. 전통주
   나. 예로부터 전승되어 오는 원리를 계승·발전시켜 진흥이 필요하다고 인정하여 농림축산식품부장관이 정한 술
4. '주원료'란 제조하려는 술의 제품 특성을 나타낼 수 있는 원료(원료가 여러 종류인 경우에는 최종 제품의 중량비에 따라 상위 3개 이내의 원료)를 말한다. 다만, 양조용수(釀造用水)와 첨가하는 주정(酒精)은 제외한다.
5. '전통주 등의 산업'이란 다음 각 목에 해당하는 산업을 말한다.
   가. '주류 면허 등에 관한 법률' 제3조에 따라 면허를 받은 전통주를 생산하는 산업
   나. 제3호나목에 해당하는 술을 생산하는 산업
6. '원산지 표시'란 '농수산물의 원산지 표시에 관한 법률' 제

5조에 따른 원산지 표시를 말한다.

7. '지리적 표시'란 '농수산물 품질관리법' 제2조제1항제8호에 따른 지리적 표시를 말한다.
8. '유기가공식품인증'이란 '친환경농어업 육성 및 유기식품 등의 관리·지원에 관한 법률' 제19조에 따른 유기식품 등의 인증을 말한다.

민속주와 지역특산주

주세사무처리규정 제2조

18. '민속주'란 다음 각 목의 어느 하나에 해당하는 주류를 말한다(2015. 7. 20 개정).
    가. '무형문화재 보전 및 진흥에 관한 법률' 제17조에 따라 인정된 주류부문의 국가무형문화재 보유자 및 같은 법 제32조에 따라 인정된 주류부문의 시·도무형문화재 보유자가 제조하는 주류(2016. 7. 29 개정)
    나. '식품산업진흥법' 제14조에 따라 지정된 주류부문의 식품명인이 제조하는 주류(2016. 7. 29 개정)
    다. '제주도개발특별법'에 따라 1999. 2. 5 이전에 제주도지사가 국세청장과 협의하여 제조면허한 주류
    라. 관광진흥을 위하여 1991. 6. 30 이전에 건설교통부장관이 추천하여 주류심의회 심의를 거쳐 면허한 주류
19. '지역특산주'란 '농업·농촌 및 식품산업 기본법' 제3조 따

른 농업경영체 및 생산자단체와 '수산업·어촌 발전 기본법' 제3조에 따른 어업경영체 및 생산자단체가 직접 생산하거나 주류제조장 소재지 관할 특별자치시 또는 시·군·구(자치구를 말한다. 이하 같다) 및 그 인접 특별자치시 또는 시·군·구에서 생산된 농산물을 주된 원료로 하여 제조하는 주류 중 농림축산식품부장관의 제조면허 추천을 받은 주류를 말한다(2016. 7. 29 개정).

20. '살균탁주' 및 '살균약주'란 섭씨온도 65도 이상에서 30분 이상 가열하거나 이와 같은 수준 이상의 효력이 있는 방법으로 살균하여 오염이 되지 아니하도록 밀봉 포장한 탁주 및 약주를 말하며, '일반탁주'란 살균탁주 이외의 탁주를 말한다(2011. 12. 30. 개정).

주류의 정의

주세법

1. '주류'란 다음 각 목의 것을 말한다.
   가. 주정(酒精)[희석하여 음용할 수 있는 에틸알코올을 말하며, 불순물이 포함되어 있어서 직접 음용할 수는 없으나 정제하면 음용할 수 있는 조주정(粗酒精)을 포함한다]
   나. 알코올분 1도 이상의 음료[용해하여 음용할 수 있는 가루 상태인 것을 포함하되, '약사법'에 따른 의약품 및 알코올을 함유한 조미식품으로서 대통령령으로 정하는 것은 제외한다]

다. 나목과 유사한 것으로서 대통령령으로 정하는 것

2. '알코올분'이란 전체용량에 포함되어 있는 에틸알코올(섭씨 15도에서 0.7947의 비중을 가진 것을 말한다)을 말한다.

3. '주류의 규격'이란 주류를 구분하는 다음 각 목의 기준을 말한다.

   가. 주류의 제조에 사용되는 원료의 사용량

   나. 주류에 첨가할 수 있는 재료의 종류 및 비율

   다. 주류의 알코올분 및 불휘발분의 함량

   라. 주류를 나무통에 넣어 저장하는 기간

   마. 주류의 여과 방법

   바. 그 밖의 주류 구분 기준

4. '불휘발분'이란 전체용량에 포함되어 있는 휘발되지 아니하는 성분을 말한다.

5. '밑술'이란 효모를 배양·증식한 것으로서 당분이 포함되어 있는 물질을 알코올 발효시킬 수 있는 재료를 말한다.

6. '술덧'이란 주류의 원료가 되는 재료를 발효시킬 수 있는 수단을 재료에 사용한 때부터 주류를 제성(製成 : 조제하여 만듦)하거나 증류(蒸溜)하기 직전까지의 상태에 있는 재료를 말한다.

7. '주조연도'란 매년 1월 1일부터 12월 31일까지의 기간을 말한다.

8. '전통주'란 다음 각 목의 어느 하나에 해당하는 주류를 말한다.

가. '무형문화재 보전 및 진흥에 관한 법률' 제17조에 따라 인정된 주류부문의 국가무형문화재 보유자 및 같은 법 제32조에 따라 인정된 주류부문의 시·도무형문화재 보유자가 제조하는 주류

나. '식품산업진흥법' 제14조에 따라 지정된 주류부문의 대한민국식품명인이 제조하는 주류

다. '농업·농촌 및 식품산업 기본법' 제3조에 따른 농업경영체 및 생산자단체와 '수산업·어촌 발전 기본법' 제3조에 따른 어업경영체 및 생산자단체가 직접 생산하거나 주류제조장 소재지 관할 특별자치시·특별자치도 또는 시·군·구(자치구를 말한다. 이하 같다) 및 그 인접 특별자치시 또는 시·군·구에서 생산한 농산물을 주원료로 하여 제조하는 주류로서 '전통주 등의 산업진흥에 관한 법률' 제8조제1항에 따라 특별시장·광역시장·특별자치시장·도지사·특별자치도지사의 추천을 받아 제조하는 주류

9. '국(麴)'이란 다음 각 목의 것을 말한다.

가. 녹말이 포함된 재료에 곰팡이류를 번식시킨 것

나. 녹말이 포함된 재료와 그 밖의 재료를 섞은 것에 곰팡이류를 번식시킨 것

다. 효소로서 녹말이 포함된 재료를 당화(糖化)시킬 수 있는 것

10. '주류 제조 위탁자'란 자신의 상표명으로 자기 책임과 계산에 따라 주류를 판매하기 위하여 '주류 면허 등에 관한 법률' 제3조제8항에 따라 주류의 제조를 다른 자에게 위탁하는 자를 말한다.
11. '주류 제조 수탁자'란 주류 제조 위탁자로부터 '주류 면허 등에 관한 법률' 제3조제8항에 따라 주류의 제조를 위탁받아 해당 주류를 제조하는 자를 말한다.

주세법 시행령

[시행 2021. 3. 1.] [대통령령 제31449호, 2021. 2. 17, 전부개정]

제1장 총칙

제1조(목적) 이 영은 '주세법'에서 위임된 사항과 그 시행에 필요한 사항을 규정함을 목적으로 한다.

제2조(주류의 범위) ① '주세법'(이하 '법'이라 한다) 제2조제1호나목에서 '대통령령으로 정하는 것'이란 다음 각 호의 것을 말한다.

1. '약사법'에 따른 의약품으로서 알코올분 6도 미만인 것
2. 다른 식품의 조리과정에 첨가하여 풍미를 증진시키는 용도로 사용하기 위하여 제조된 알코올을 함유한 조미식품으로서 불휘발분 30도 이상인 것

② 법 제2조제1호다목에서 '대통령령으로 정하는 것'이란 주류 제조 원료가 용기에 담긴 상태로 제조장에서 반출되거나 수입신고된 후 추가적인 원료 주입 없이 용기 내에서 주류 제조 원료가 발효되어 최종적으로 법 제2조제1호나목에 따른 음료가 되는 것을 말한다.

③ 제2항에 따른 주류의 종류는 최종 제품을 기준으로 한다.

제3조(주류의 규격 등) ① 법 제5조, 제6조 및 별표에 따라 주류의 종류별로 혼합 또는 첨가할 수 있는 주류 또는 재료는 별표 1과 같다.

② 법 제5조, 제6조 및 별표에 따른 주류의 종류별 알코올분 도수는 별표 2와 같다.

③ 법 제5조, 제6조 및 별표에 따라 주류를 제조할 때의 주류의 종류별 원료 사용량 및 여과방법 등은 별표 3과 같다.

주세법 시행령 [별표 1]

주류에 혼합하거나 첨가할 수 있는 주류 또는 재료(제3조제1항 관련)

(중략)

2. 주류에 첨가할 수 있는 재료의 종류

가. 주류 종류별로 첨가할 수 있는 재료

주류 종류	첨가할 수 있는 재료	비 고
1) 법 별표 제2호가목3)	아스파탐·스테비올배당체·효소처리스테비아·사카린나트륨·젖산·주석산·구연산·아미노산류·수크랄로스·토마틴·아세설팜칼륨·에리스리톨·자일리톨·산탄검·글리세린지방산에스테르·당분·알룰로오스, '식품위생법'상 허용되는 식물(물 또는 주정 등으로 추출한 액을 포함한다. 이하 '식물'이라 한다)	· 식물을 주정 등으로 추출하는 경우 그 추출액의 알코올분 총량은 최종제품의 알코올분 총량의 100분의 5를 초과할 수 없다. 이하 이 표에서 같다. · 당분 및 과실·채소류의 사용량은 별표 3 제1호가목1)·2)에 따른 범위에서 사용해야 한다.
2) 법 별표 제2호나목3)	아스파탐·스테비올배당체·효소처리스테비아·젖산·주석산·구연산·아미노산류·식물·수크랄로스·토마틴·아세설팜칼륨·에리스리톨·자일리톨·당분	· 당분 및 과실·채소류는 별표 3 제1호나목1)·2)에 따른 범위에서 사용해야 한다.
3) 법 별표 제2호다목1)	아스파탐·스테비올배당체·효소처리스테비아·젖산·주석산·구연산·아미노산류·식물·수크랄로스·토마틴·아세설팜칼륨·에리스리톨·자일리톨	· 식물 중 알코올분 1도 이상으로 발효시킬 수 있는 것은 제외한다.
4) 법 별표 제2호다목2)	당분·산분(酸分)·조미료·향료·색소	· 식물 중 알코올분 1도 이상으로 발효시킬 수 있는 것은 제외한다.
5) 법 별표 제2호라목 2) 및 3)	당분·산분·조미료·향료·색소·식물·아스파탐·스테비올배당체·솔비톨·수크랄로스·아세설팜칼륨·에리스리톨·자일리톨·효소처리스테비아·우유·분유·유크림·아스코르빈산, '식품위생법'에 따라 허용되는 식품첨가물 중 유화제·증점제·안정제 등 성상의 변화 없이 품질을 균일하게 유지시키는 것	
6) 법 별표 제2호마목4)·마목5)	당분·산분·조미료·향료·색소·아스파탐·스테비올배당체·솔비톨·수크랄로스·아세설팜칼륨·에리스리톨·자일리톨·효소처리스테비아	
7) 법 별표 제2호마목6)	사카린나트륨·아스코르빈산·식물·아스파탐·스테비올배당체·솔비톨·수크랄로스·아세설팜칼륨·에리스리톨·자일리톨·효소처리스테비아	
8) 법 별표 제3호가목 2) 및 7)	당분·구연산·아미노산류·소르비톨·무기염류·스테비올배당체·효소처리스테비아·사카린나트륨·아스파탐·수크랄로스·토마틴·아세설팜칼륨·에리스리톨·자일리톨·다(茶)류(단일침출자 중에서 가공곡류차를 제외한 것을 말한다)·알룰로오스·오크칩	

9) 법 별표 제3호나목5)	당분·산분·조미료·향료·색소	
10) 법 별표 제3호다목2)	당분·산분·조미료·향료·색소	
11) 법 별표 제3호라목6)부터 10)까지	당분·산분·조미료·향료·색소·식물·아스파탐·스테비올배당체·솔비톨·수크랄로스·아세설팜칼륨·에리스리톨·자일리톨·효소처리스테비아	
12) 법 별표 제3호마목	당분·산분·조미료·향료·색소·식물·아스파탐·스테비올배당체·솔비톨·수크랄로스·아세설팜칼륨·에리스리톨·자일리톨·효소처리스테비아·우유·분유·유크림, '식품위생법'에 따라 허용되는 식품첨가물 중 유화제·증점제·안정제 등 성상의 변화 없이 품질을 균일하게 유지시키는 것	
13) 법 별표 제4호다목	당분·산분·조미료·캐러멜색소	

※ 비고 : 위 표에 따른 재료 중 당분·산분·조미료·향료 및 색소의 종류는 다음 표와 같다.

구분	첨가재료의 종류
1. 당분	설탕(백설탕·갈색설탕·흑설탕 및 시럽을 포함한다)·포도당(액상포도당·정제포도당·함수결정포도당 및 무수결정포도당을 포함한다)·과당(액상과당 및 결정과당을 포함한다)·엿류(물엿·맥아엿 및 덩어리엿을 포함한다)·당시럽류(당밀시럽 및 단풍당시럽을 포함한다)·올리고당류·유당 또는 꿀
2. 산분	'식품위생법'에 따라 허용되는 식품첨가물로서 그 주된 용도가 산도(酸度) 조절제로 사용되는 것
3. 조미료	아미노산류·글리세린·덱스트린·홉·무기염류·탄닌산·오크칩
4. 향료	'식품위생법'에 따라 허용되는 식품첨가물로서 그 주된 용도가 향료로 사용되는 것
5. 색소	'식품위생법'에 따라 허용되는 식품첨가물로서 그 주된 용도가 착색료로 사용되는 것

주세법 시행령 [별표 3]

주류를 제조할 때의 주류 제조 원료의 사용량 및 여과방법 등 (제3조제3항 관련)

1. 주류 종류별 원료 사용량 및 여과방법 등
   가. 탁주를 제조하는 경우
      1) 법 별표 제2호가목2)에 따른 녹말이 포함된 재료의 중량은 녹말이 포함된 재료와 당분(첨가재료로 사용한 당분을 포함한다. 이하 이 목 및 나목에서 같다) 및 과실·채소류(첨가재료로 사용한 과실·채소류를 포함한다. 이하 이 목 및 나목에서 같다)의 합계중량을 기준으로 하여 100분의 50 이상 사용해야 한다.
      2) 법 별표 제2호가목2)에 따른 과실·채소류의 중량은 녹말이 포함된 재료와 당분 및 과실·채소류의 합계중량을 기준으로 하여 100분의 20을 초과하지 않아야 한다.
   나. 약주를 제조하는 경우
      1) 여과방법
      '식품위생법' 제14조에 따른 식품·첨가물 공전(公典)에 규정된 미탁(微濁) 이하로 맑게 여과해야 한다. 다만, 법 제2조제8호가목 및 나목에 따른 주류는 국세청장이 정하는 바에 따라 미탁 이상으로 할 수 있다.

2) 원료의 사용량

가) 법 별표 제2호나목1)에 따른 약주의 원료인 곡류에 쌀(찹쌀을 포함한다. 이하 같다) 외의 다른 곡류가 포함되지 않은 경우에는 녹말이 포함된 재료의 중량을 기준으로 하여 누룩을 100분의 1 이상 사용해야 한다.

나) 법 별표 제2호나목2)에 따른 녹말이 포함된 재료의 중량은 녹말이 포함된 재료와 당분 및 과실·채소류의 합계중량을 기준으로 하여 100분의 50 이상 사용해야 한다.

다) 법 별표 제2호나목2)에 따른 과실·채소류의 중량은 녹말이 포함된 재료와 당분 및 과실·채소류의 합계중량을 기준으로 100분의 20을 초과하지 않아야 한다.

라) 법 별표 제2호나목4)에 따른 발효 및 제성과정(製成過程)에 주정 또는 법 별표 제3호가목1)부터 4)까지의 규정에 따른 주류를 혼합하는 경우 혼합하는 주류의 알코올분의 양은 혼합된 후 해당 주류의 알코올분 총량의 100분의 20 이하여야 한다.

다. 청주를 제조하는 경우

1) 법 별표 제2호다목1)에 따른 쌀의 합계중량을 기준으

로 하여 누룩을 100분의 1 미만으로 사용해야 한다.

2) 법 별표 제2호다목2)에 따른 청주의 발효·제성과정에 주정을 혼합하는 경우에 주정의 양은 알코올분 30도로 희석한 주정을 기준으로 하여 술덧에 사용한 원료용 쌀 1킬로그램당 2.4리터 이하로 한다.

라. 맥주를 제조하는 경우

법 별표 제2호라목2)에 따른 원료곡류 중 발아된 맥류의 사용중량은 녹말이 포함된 재료, 당분 또는 캐러멜의 중량과 발아된 맥류의 합계중량을 기준으로 하여 100분의 10 이상이어야 하고, 맥주의 발효·제성과정에 과실(과실즙과 건조시킨 과실을 포함한다. 이하 같다)을 첨가하는 경우에는 과실의 중량은 발아된 맥류와 녹말이 포함된 재료의 합계중량을 기준으로 하여 100분의 20을 초과하지 않아야 한다.

마. 과실주를 제조하는 경우

1) 법 별표 제2호마목2)에 따른 당분의 중량이 주원료의 당분과 첨가하는 당분의 합계중량의 100분의 80을 초과하지 않아야 한다.

2) 법 별표 제2호마목5)에 따른 과실주의 발효·제성과정에 주정·브랜디 또는 일반증류주를 혼합하는 경우 혼합하는 주류의 알코올분의 양은 혼합된 후 해당 주류의 알코올분 총량의 100분의 80 이하여야 한다.

바. 소주를 제조하는 경우

1) 법 별표 제3호가목3)에 따른 주류를 제조하는 경우 혼합하는 주정 또는 곡물주정의 알코올분의 양은 혼합된 후 해당 주류의 알코올분 총량의 100분의 50 미만이어야 한다.

2) 법 별표 제3호가목8)에 따른 주류를 제조하는 경우 혼합하는 법 별표 제3호가목1) 또는 4)에 따른 주류의 알코올분의 양은 혼합된 후 해당 주류의 알코올분 총량의 100분의 50 미만이어야 한다.

3) 법 별표 제3호가목4) 및 9)에 따른 주류를 제조하는 경우 재료를 첨가하기 전에 나무통에 넣어 저장할 수 있다.

사. 위스키를 제조하는 경우

1) 법 별표 제3호나목1)부터 3)까지의 규정에 따른 주류는 1년 이상 나무통에 넣어 저장해야 한다.

2) 법 별표 제3호나목5)에 주정을 혼합하는 경우 혼합하는 주류의 알코올분의 양은 혼합된 후 해당 주류의 알코올분 총량의 100분의 80을 초과하지 않아야 한다.

아. 브랜디를 제조하는 경우

1) 법 별표 제3호다목1)에 따른 주류는 1년 이상 나무통에 넣어 저장해야 한다.

2) 법 별표 제3호다목2)에 주정을 혼합하는 경우 혼합

하는 주류의 알코올분의 양은 혼합된 후 해당 주류의 알코올분 총량의 100분의 80을 초과하지 않아야 한다.

자. 일반증류주를 제조하는 경우

법 별표 제3호라목11)에 따른 주류를 제조하는 경우 재료를 첨가하기 전에 나무통에 넣어 저장할 수 있다.

2. 제1호의 예외사항

법 제19조제1항에 따른 원료용 주류, 법 제20조제1항제1호부터 제5호까지의 규정에 따른 주류, 법 제20조제1항제9호에 따른 용도에 사용되는 주정과 관광의 진흥 또는 전통문화의 전수·보전을 위하여 필요하다고 인정되는 주류를 제조하려는 경우에는 국세청장의 승인을 받아 제1호와 다른 규격으로 주류를 제조할 수 있다.

3. 주류 제조와 관련한 용어

가. 법 별표 제3호라목3) 및 4)에서 규정한 '증류한 주류'란 재료를 첨가하거나 나무통에 저장하기 전에 증류에 의해 생성된 알코올분 함유물을 말한다.

나. 법 별표 제3호라목6)부터 10)까지의 규정에서 '발효·증류·제성 과정' 또는 '증류·제성 과정'이란 재료를 첨가하기 전까지의 과정을 말한다.

면허의 종류

1. 일반면허

- 전통주 및 소규모주류면허 이외의 면허

2. 전통주 면허

2-1 민속주 면허

- 주류부분의 시도지정문화재 보유자가 제조하는 주류
- 주류부분의 식품명인이 제조하는 주류

2-2 지역특산주면허

- 농업경영인 및 생산자단체가 직접 생산하거나 제조장 소재지 관할 특별자치시, 특별자치도, 시·군·구 및 인접 특별자치시, 시·군·구에서 생산한 농산물을 주원료로 해서 제조하는 주류 중 특별시장, 광역시장, 특별자치시장, 도지사, 특별자치도지사의 제조면호 추천을 받은 주류

3. 소규모주류면허

- 식품접객업 영업허가를 받거나 영업신고를 한 제조자 또는 주조를 위해 일정한 공간을 보유하고 있는 제조자로서 탁주, 약주, 청주, 맥주를 제조해 아래의 방법으로 판매할 수 있는 제조자.
  - · 병입한 주류를 제조장에서 최종소비자에게 판매하는 방법

· 영업장(직접 운영하는 타 영업장 포함) 안에서 마시는 고객에게 직접 판매하는 방법

· 본인 영업장 외 식품접객업 영입허가를 받거나 영업신고를 한 자의 영업장에 판매하는 방법(종합주류도매업 및 특정 주류도매업자를 통하여 판매하는 것을 포함)

주류제조장 시설기준(비교)

주류제조장	담금 저장 제성 용기	시험시설	그 외 시설
소규모주류제조자 시설기준 (탁주, 양주, 청주)	1kl 이상 5kl 미만	간이 증류기 : 1대 주정계 : 0.2도 눈금 0~30도 1조	유량계
소규모주류제조자 시설기준(맥주)	당화, 여과, 자비조 : 0.5kl 이상 담금 및 저장조 : 5kl 이상 75kl 이하	간이 증류기 : 1대 주정계 : 0.2도 눈금 0~30도 1조	유량계
지역특산주 시설기준(탁주, 약주, 청주)	건물–담금실 : 10평방 미터 이상	간이 증류기 : 1대 주정계 : 0.2도 눈금 0~30도 1조	
일반적 시설기준 (탁주, 약주)	담금(발효)조 총용량 : 3kl 이상 제성조 총용량 : 2kl 이상	간이 증류기 : 1대 주정계 : 0.2도 눈금 0~30도 1조	

하우스막걸리 : 나만의 술 제조판매

1. 정의

소규모 주류면허의 다른 말입니다.

2. 주류 제조업 면허 받기

하우스 막걸리 시설기준에 따른 일정한 제조시설을 갖춰야 합니다.

3. 시설기준

담금발효 및 제성조 1kl 이상 5kl 미만

알코올측정장비(간이증류기 1대 주정계 1조(0.2도 눈금 0~30도))

유량계(주류세를 내는 기준이 됨)

4. 제조 및 판매 공간조건

제조장은 영업장과 구분되어야 하나 같은 공간에 있어도 된다.

영업장 본점 및 지점에서 음용및 병입판매 가능

판매대상은 최종소비자 그리고 타 사업자의 영업장에 판매가능

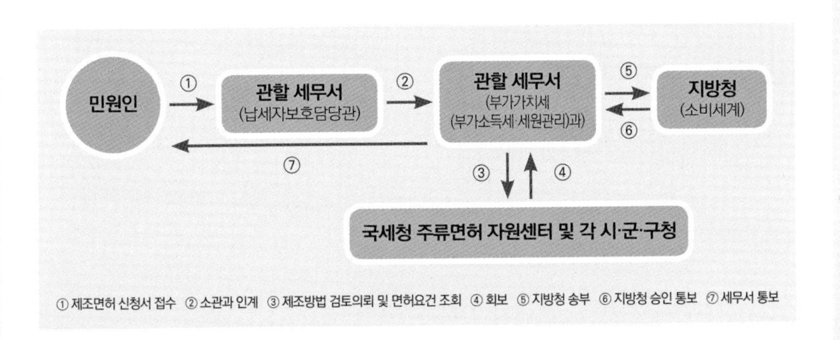

주류제조면허 취득절차

관할 세무서에 주류제조면허 신청

신청 처리기간 45일

주류제조장 시설조건부면허 취득

서류상 이상이 없을 경우 제조시설을
완비할 것을 조건으로 부여

제조시설 착공신고

면허받은 후 1년 이내
착공(소규모주류 6개월)

완공 후 제조설비 신고서 제출

- 제조시설, 설비내역서 및 설명서, 용량표
- 양조용수 수질검사 성적서

면허받은 후 3년 이내 완공(소규모주류 1년)
- 6개월 이내의 적합판정을 받은 수질검사 적합서

시설 확인 및 용기 검정

- 주류별 시설기준 충족
- 살균제반시설구비(살균탁주, 살균약주의 경우)

제조면허취득(제조면허증발급)

하우스막걸리 주류제조면허 신청서 첨부 서류

1. 주류제조면허 신청서
2. 사업계획서
3. 제조장 국토이용계획확인원
4. 제조장 자가소유 증명서 또는 임대차 증명서
5. 제조장 위치도, 평면도, 제조시설 배치표
6. 제조시설 및 설비 등 설명서 및 용량표
7. 제조공정도 및 제조방법 설명서(해당 주류 제조방법 신청서 첨부)
8. 음식점과 함께 할 경우 식품접객업 허가증 또는 신고증 사본
9. 법인 : 정관, 주주총회 또는 이사회 회의록, 주주및 임원명부
10. 공동사업 : 동업계약서 사본
11. 국가, 지자체가 주관하는 축제 또는 경영대회임을 확인할 수 있는 서류(해당 축제 또는 경연대회에 사용하기 위해 주류를 제조하려는 경우)

시설조건부 면허취득

· 제조면허를 취득한 후 해야 할 일

· 신고된 제조방법의 주류를 제조 후 세무서에 주질감정의뢰

· 주질감정의뢰한 술의 이상유무를 판별 후 이상 없음 통보 받으면 판매 가능

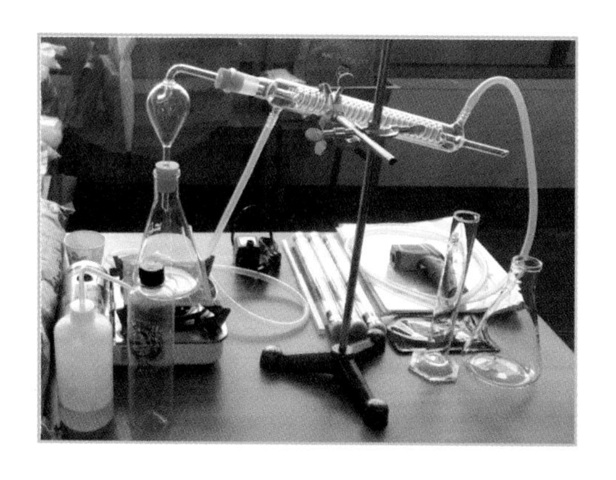

주류 면허 등에 관한 법률

제7조(면허 등의 제한)

1. 면허 신청인이 제12조부터 제14조까지의 규정에 따라 면허가 취소된 후 2년이 지나지 아니한 경우

2. 면허 신청인 또는 제9조에 따라 전환되는 법인(이하 '전환법인'이라 한다)의 신고인이 미성년자, 피한정후견인 또는 피성년후견인인 경우로서 그 법정대리인이 제1호 또는 제7호부터 제10호까지의 어느 하나에 해당하는 경우

3. 면허 신청법인 또는 전환법인의 경우 그 임원 중에 제1호 또는 제7호부터 제10호까지의 어느 하나에 해당하는 사람이 있는 경우

4. 면허 신청인 또는 전환법인 신고인이 제1호 또는 제7호부

터 제10호까지의 어느 하나에 해당하는 사람을 제조장 또는 판매장의 지배인으로 하려는 경우

5. 면허 신청인 또는 전환법인 신고인이 국내에 주소 또는 거소(居所)를 두지 아니한 경우 그 대리인 또는 지배인이 제1호 또는 제7호부터 제10호까지의 어느 하나에 해당하는 경우

6. 면허 신청인 또는 전환법인 신고인이 신청 또는 신고 당시 국세 또는 지방세를 체납한 경우

7. 면허 신청인이 국세 또는 지방세를 50만원 이상 포탈(逋脫)하여 처벌 또는 처분을 받은 후 5년이 지나지 아니한 경우

8. 면허 신청인이 '조세범 처벌법' 제10조제3항 또는 제4항에 따라 처벌을 받은 후 5년이 지나지 아니한 경우

9. 면허 신청인이 다음 각 목의 어느 하나의 법률을 위반하여 금고 이상의 실형을 선고받고 그 집행이 끝나거나(집행이 끝난 것으로 보는 경우를 포함한다) 집행이 면제된 날부터 5년이 지나지 아니한 경우

각 주류에 붙는 세금

주종		주세 부여량
주정		· 1kl당 57,000원 · 95도 이상 시 1도당 600원씩 추가
발효주류	탁주	· 1L당 41.7원
	약주	· 출고가의 30%
	청주	
	과실주	
	맥주	· 1L당 830.3원 · 생맥주의 경우 80%로 감경
증류주류	소주	· 출고가의 72%
	위스키	
	브랜디	
	일반 증류주	
	리큐르	
기타 주류		· 불휘발분 30% 이상의 미림 등 : 출고가의 10% · 발효성 기타 주류 : 출고가의 30% · 나머지 : 출고가의 72%
전통주		· 부여된 주세의 50% 감경

주세 이외의 세금

교육세

주세의 10%(주정, 청주, 탁주 제외)를 부과하며, 주세율이 70%를 초과하면 주세의 30%를 부과합니다.

부가가치세

이익에 대해서 부과하는 일반 소비세로 최종판매가(출고가격+주세+교육세)에 10%를 부과합니다.

관세

수입맥주에 부과하는 세금

세금면제

군 PX 판매용 주류, 해외여행자 소지 주류, 의약품 원료

전국 주요 전통주 목록

국가지정 무형문화재 : 3종목

명칭	주류유형	지정번호	전승자	소재지	비고
문배주	소주	제86-1호	이기춘	경기 김포	식품명인 제7호
면천두견주	약주	제86-2호	면천두견주보존회	충남 당진	
경주교동법주	약주	제86-3호	최경	경북 경주	

대한민국 식품명인 : 25종목

명칭	주류유형	지정번호	명인	소재지	비고
송화백일주	리큐르	제1호	조영귀	전북 완주	
금산인삼주	일반증류주	제2호	김창수	충남 금산	
계룡백일주	약주	제4-가호	이성우	충남 공주	
안동소주	소주	제6호	박재서	경북 안동	
문배주	소주	제7호	이기춘	경기 김포	
전주이강주	리큐르	제 9호	조정형	전북 전주	
옥로주	소주	제10호	유민자	경기 안산	
구기자주	약주	제11호	임영순	충남 청양	
계명주	약주	제12호	최옥근	경기 남양주	
민속주왕주	약주	제13호	남상란	충남 논산	
김천과하주	약주	제17호	송강호	경북 김천	
한산소곡주	약주	제19호	우희열	충남 서천	
안동소주	소주	제20호	조옥화	경북 안동	
추성주	일반증류주	제22호	양대수	전남 담양	
옥선주	일반증류쥬	제24호	임용순	강원 홍천	
솔송주(송순주)	약주	제27호	박흥선	경남 함양	
감홍로주	일반증류주	제43호	이기숙	경기 파주	
죽력고	일반증류주	제48호	송명섭	전북 정읍	
산성막걸리	탁주	제49호	유청길	부산 금정	
병영소주	소주	제61호	김견식	전남 강진	
오메기술	약주	제68호	강경순	제주 서귀포	
삼해소주	소주	제69호	김택상	서울 종로	
설련주	약주	제74호	곽우선	경북 칠곡	
연잎주	약주	제79호	김용세	충남 당진	
제주고소리술	소주	제84호	김희숙	제주 서귀포	

시·도지정 무형문화재 : 32종목

명칭	주류유형	지정번호	전승자	소재지	비고
송절주	약주	서울 제2호	이성자	서울 서초	
삼해주	약주	서울 제8호	권희자	서울 서초	
향온주	약주	서울 제9호	박현숙	서울 송파	
하향주	약주	대구 제11호	박환희	대구 달성	
송순주	약주	대전 제9호	윤자덕	대전 대덕	
국화주	약주	대전 제9-나호	김정순	대전 대덕	
계명주	약주	경기 제1호	최옥근	경기 남양주	식품명인 제12호
옥로주	소주	경기 제12호	유민자	경기 안산	식품명인 제10호
남한산성소주	소주	경기 제13호	강석필	경기 광주	
충주청명주	약주	충북 제2호	김영섭	충북 충주	
보은송로주	일반증류주	충북 제3호	임경순	충북 보은	
청주신선주	약주	충북 제4호	박남희	충북 청주	
한산소곡주	약주	충남 제3호	우희열	충남 서천	식품명인 제19호
계룡백일주	약주	충남 제7호	지복남	충남 공주	식품명인 제4-가호
아산연엽주	약주	충남 제11호	최황규	충남 아산	
금산인삼백주	일반증류주	충남 제19호	김창수	충남 금산	식품명인 제2호
청양구기자주	약주	충남 제30호	임영순	충남 청양	식품명인 제11호
김제송순주	약주	전북 제6-1호	-	전북 김제	
이강주	리큐르	전북 제6-2호	조정형	전북 전주	식품명인 제9호
죽력고	일반증류주	전북 제6-3호	송명섭	전북 정읍	식품명인 제48호
송화백일주	리큐르	전북 제6-4호	조영귀	전북 완주	식품명인 제1호
여산호산춘	약주	전북 제64호	이연호	전북 익산	
해남진양주	약주	전남 제25호	최옥림	전남 해남	
진도홍주	리큐르	전남 제26호	진도홍주 보존회	전남 진도	
보성강하주	약주	전남 제45호	-	전남 보성	
김천과하주	약주	경북 제11호	송강호	경북 김천	식품명인 제17호
안동소주	소주	경북 제12호	조옥화	경북 안동	식품명인 제20호
문경호산춘	약주	경북 제18호	송일지	경북 문경	
안동송화주	약주	경북 제20호	김영한	경북 안동	
함양송순주	약주	경남 제35호	박흥선	경남 함양	식품명인 제27호
성읍민속마을	약주	제주 제3호	강경순	제주 서귀포	식품명인 제68호
고소리술	소주	제주 제11호	김희숙	제주 서귀포	식품명인 제84호

"찾아가는 양조장" 농림축산식품부 지정

업체명	주소	주종	지정연도
신평양조장	충남 당진시 신평면 신평로 813	탁주, 약주	2013
대강양조장	충북 단양군 대강면 대강로 60	탁주	2013
예산사과와인㈜	충남 예산군 고덕면 대천리 501	과실주	2014
한산소곡주	충남 서천군 한산면 충절로 1118	리큐르	2014
해창주조장	전남 해남군 화산면 해창길 1	탁주	2014
추성고을	전남 담양군 용면 추령로 29	증류주	2014
태인합동주조장	전북 정읍시 태인면 창흥 2길 17	탁주, 증류주	2014
산머루농원(영)	경기도 파주시 적성면 객현리 67-1	과실주	2014
㈜배상면주가	경기도 포천시 화현면 화동로 432번길 25	약주, 탁주	2014
제주샘주	제주 제주시 애월읍	증류주	2014
㈜우리술	경기 가평군 하면 대보간선로 29	탁주	2015
예술	강원 홍천군 내촌면 물걸리 508-2	탁주, 약주	2015
명인안동소주	경북 안동시 풍산읍 산업단지 6길 6	증류주	2015
대대로(영)	전남 진도군 군내면 명량대첩로	증류주	2015
조은술세종㈜	충북 청주시 청원구 사천로 18번길 5-2	탁주, 약주	2015
㈜솔송주	경남 함양군 지곡면 지곡창촌길 3	약주, 리큐르	2015
중원당	충북 충주시 창동리 243	약주	2015
문경주조	경북 문경시 동로면 노은 1길 49-15	탁주	2015
금정산성토산주	부산 금정구 산성로 453	탁주	2016
배혜정도가	경기도 화성시 정남면 서봉로 835	탁주	2016
양촌양조장	충남 논산시 양촌면 매죽헌로 1665번길 14-9	탁주	2016
은척양조장	경북 상주시 은척면 봉중 2길 16-4	탁주	2016
㈜한국애플리즈	경북 의성군 단촌면 일직점곡로 755	과실주	2016
농업회사법인	경북 문경시 문경읍 새재로 609	과실주	2016
㈜술샘	경기도 용인시 처인구 양지면 죽양대로 2298-1	증류주, 탁주	2017

그린영농조합법인	경기도 안산시 단원구 뻐꾹산길 107(대부북동)	과실주	2017
이원양조장	충북 옥천군 이원면 묘목로 113	탁주	2017
㈜청산녹수	전남 장성군 장성읍 남양촌길 19	탁주	2017
㈜한국와인	경북 영천시 금호읍 창산길 100-44(원기리 414-2)	과실주	2017
울진술도가	경북 울진군 근남면 노음 2길 4	탁주	2017
고도리와이너리	경북 영천시	과실주	2018
밝은세상	경기도 평택시 호승읍 충렬길 41	탁주	2018
복순도가	울산 울주군 상북면 향산리 439번지	탁주	2018
제주고소리	제주 서귀포시 표선면 중산간동로 4726	증류식소주	2018
㈜국순당	강원 횡성군 둔내면 강변로 975	탁주, 약주	2019
㈜좋은술	경기 평택시 오성면 숙성뜰길 108	탁주, 약주	2019
도란원	충북 영동군 애곡면 유전장척길 143	과실주	2019
여포와인농장	충북 영동군 양강면 유점지촌길 75	과실주	2019

한국 전통주 소믈리에 자격증

한국 전통주 학교의 전통주 소믈리에 교육은 단계별로 교육을 실시해서 교육생을 다음과 같은 목표로 양성한다.

- 소비자로서 우리나라 전통주에 대한 이해
- 생산자로서 우리나라 전통주에 대해 이해
- 전통주 생산기준 제시
- 전통주 소비기준 제시
- 주조기술의 선진화
- 소비문화의 고급화
- 전통주 생산 관련 인력양성
- 전통주 판매 관련 인력양성
- 전통주 교육 관련 인력양성

그리고 각 교육수준에 맞는 자격증을 발행 및 권한 부여로 전통주 문화를 이끌어나가 우리나라에 보다 긍정적인 전통주 문화가 자리 잡고 전통주가 세계적으로 뻗어나가는 데 밑거름이 된다.

자격증 검정 일정 : 홈페이지에 공지(www.sool.or.kr)
자격증 유효기간 : 10년, 매년 1회 보수교육
자격 취득 제한 : 미성년자, 금치산자, 한정치산자, 주취폭력자

| 1급 |

대상 : 2급 보유자 또는 그에 준하는 자격이 있다고 판단되는 자
직무 : 전통주 전문 주조, 전통주 판매업체 운용, 전통주 주조시설 운용, 전통주 전문강사, 전통주 관련 컨설팅
교육 : 전통주 주조실무 고급(삼양주 만들기, 오양주 만들기, 대회 출품주 만들기), 전통주 고급이론, 전통주 강의 교습법 실무(조교실무)
시험문제 : 주관식 4문항(각 문항당 25점)
시험시간 : 60분

| 2급 |

대상 : 3급 보유자 또는 그에 준하는 자격이 있다고 판단되는 자
직무 : 전통주 주조, 전통주 판매업체 운용, 막걸리 만들기 강사
교육 : 전통주의 정의와 분류 및 테이스팅 훈련, 전통주와 인문학, 전통주 기초 강의 교습법, 전통주 기초이론, 전통주

주조실무 심화(이양주 만들기), 전통주 서빙 실무

시험문제 : 객관식 20문항(각 문항당 4점), 주관식 2문항(각 문항당 10점)

시험시간 : 50분

| 3급 |

대상 : 전통주 관련 업종에 종사하거나 예정인 자

직무 : 전통주(막걸리) 주조, 전통주 판매업체 운용

교육 : 전통주의 정의와 분류, 전통주 보관방법, 전통주 설명, 전통주 서빙, 음식과의 페어링, 전통주 주조실무 기초(막걸리 만들기)

시험문제 : 객관식 20문항(각 문항당 5점)

시험시간 : 40분

자격 이름 : 한국 전통주 소믈리에
자격 번호 : 제2021-002576호
관리 기관 : 한국 전통주 학교
주무 부처 : 농림축산 식품부, 한국 직업 능력 개발원
자격 등급 : 한국 전통주 소믈리에 1급(전통주 명인, 名人)
한국 전통주 소믈리에 2급(전통주 소믈리에)
한국 전통주 소믈리에 3급(막걸리 소믈리에)

한국 전통주 학교

우리의 술 전통주를 제대로 배우고 싶다고요?

최근 전통주를 가르치는 교육기관이 많이 늘어났습니다. 그러나 몇몇 교육기관을 제외하면 대부분 장님 문고리 잡기식으로 가르치고 있는 것이 한국 전통주(술) 교육의 현주소입니다.

한국 전통주 학교는 발효 양조 관련 석학들이 모여 있는 한국양조기술연구소 및 주류안전기술협회와 협력해 체계적인 교육을 하고 있으며, 최신의 주조 관련 고급 기술을 배울 수 있는 곳입니다.

1단계 순한 맛

맛있는 막걸리 쉽게 만들기 1달 특강반

전통주(술)에 관심이 있었지만 시간 및 관계상 엄두도 못 냈던 사람들에게 단비 같은 속성 강좌입니다. 1달 만에 맛있는 막걸리를 완성할 수 있습니다. 이 강좌만 들어도 동네에서 손꼽히는 술 전문가의 실력을 갖출 수 있습니다.

· 한국 전통주 학교 동문회 준회원 자격 수여

2단계 중간 맛

한국 전통주(술) 소믈리에반

제대로 먹어본 사람만이 제대로 술을 만들 수 있습니다. 전통주(술)를 만드는 내공을 향상시킬 중요하고 필수 불가결인 강좌입니다. 술맛을 이해하고 설명해주기 위해 반드시 거쳐야 하는 과정으로, 유명한 전통주(술)를 제대로 맛보고 토론해보는 시간입니다.

· 전통주 아로마 실습
· 한국 전통주 학교 동문회 정회원 자격 수여

3단계 매운 맛

한국 전통주(술) 전문가반

단양주를 벗어나 나만의 개성 있는 전통주(술)을 완성하는 단계입니다. 힘들게 만든 만큼 큰 감동을 느끼게 됩니다. 창업하려면 반드시 거쳐야 하는 매운맛을 느끼는 시간입니다. 전통주(술)로 인정받고 싶다면 꼭 수강하셔야 합니다.

· 한국 전통주 학교 동문회 정회원 자격 수여
· 전통주 보조강사 실습 기회 부여

4단계 천상계 맛

한국 전통주(술) 명인명주반

우리 동네 술 전문가에서 전국적인 술 전문가로 거듭날 수 있는 시간입니다. 나만의 전통주(술) 디자인하기, 그리고 디자인한 전통주(술)를 제대로 만들어 각종 술 대회에서 대상 수상을 목표로 참가하기, 제대로 알고 가르치기 위해 나만의 커리큘럼 만들기 등의 과정이 있습니다.

· 한국 전통주 학교 동문회 이사 자격 수여
· 전통주 전문 강사로 추천

각 과정별 커리큘럼 및 자세한 사항은 홈페이지 또는 카페를 참조 바랍니다.

· 한국 전통주 학교 홈페이지 : www.sool.or.kr

참고 문헌

·《한국의 전통주》, 유한문화사, 정동효, 2010
·《맛의 원리》, 예문당, 최낙언, 2015
·《NEWTON HIGHLIGHT 뉴턴 하이라이트 인체와 첨단 의학》, ㈜아이뉴턴
·《식품품질관리와 관능검사》, 교문사(유제동), 황인경 외, 2019
·《와인 테이스팅의 과학》, 한스미디어, 제이미 구드, 2019
·《와인 관능 검사》, 신화전산기획(동광), 조재덕, 2019
·《욕망을 부르는 향기》, 뮤진트리, 레이첼 허즈, 2013
·《한국와인&양조과학》, 퍼블리싱킹콘텐츠, 안용갑 외, 2014
·《우리 술 보물창고》, 농업기술실용화재단 편집부, 2011
·《탁약주개론》, 광문각출판사, 농림축산식품부, 2015
·《청주제조기술》, 우곡출판사, 배상면, 2008
·《전통주제조기술》, 우곡출판사, 배상면, 2002
·《조선주조사》, 우곡출판사, 배상면, 2007
·《과실주&전통주 40가지》, 살림Life, 공태인, 2009
·《약초이야기》, 한국자격개발원, 이영복, 2018
·《조선의 왕들, 금주령을 내리다》, 팬덤북스, 정구선, 2014
·《천년의 술, 우리 막걸리 막걸리학》, 월드사이언스, 유대식, 2015
·《우리 누룩의 정통성과 우수성》, 월드사이언스, 유대식, 유현영, 2011
·《버선발로 디딘 누룩》, 코리아쇼케이스, 박록담 외, 2005
·《누룩의 과학》, 유한문화사, 정동효, 2012
·《음식 원리》, 사이언스북스, DK편집위원회, 2018

·《21세기 영양학》, 교문사, 최혜미, 2012
·《21세기 영양학》, 교문사, 최혜미 외, 2016
·《식품화학》, 교문사, 조신호, 신성균 외, 2014
·《이해하기 쉬운 생화학》, 파워북, 변기원, 원혜숙 외, 2015
·《발효식품학》, 효일, 이삼빈, 2018
·《발효미생물학》, 라이프사이언스, 이계준, 2018
·《기초화학사전》, 그린북, 다케다 준이치로
·《발효식품》, 교문사, 최영희, 윤재영 외, 2017
·《뿌리 깊은 전통주 : 수운잡방》, 백산출판사, 허민영, 오현지 외, 2019
·《수운잡방》, 백산출판사, 윤숙자, 2020
·《음식디미방과 조선시대 음식문화》, 경북대학교출판부, 남권희 외, 2017
·《조선무쌍신식요리제법》, 라이스트리, 이용기, 2019
·《다시 보고 배우는 산가요록》, 궁중음식연구원, 한복려, 2011
·《목민심서》, 동아출판, 정약용, 2016
·《술과 건강》, 전파과학사, 다카스 도시야키, 2019
·《술과 건강》, 경남대학교 출판부, 양정성, 2002
·《한국의 술문화》, 도서출판 선, 이상희, 2009
·《음주탐구생활》, 더숲, 허원, 2019
·《한잔 술, 한국의 맛》, 소담출판사, 이현주, 2019
·《술 알고 마시면 건강이 보인다》, 유한문화사, 고정삼, 2005

참고 사이트

· 경주교동법주 www.kyodongbeobju.com
· 면천두견주보존회 www.면천두견주.한국
· 전주이강주 www.leegangjumall.com
· 송화백일주 www.songhwa.co.kr
· 진도홍주 www.e-hongju.co.kr
· 안동소주(박재서 명인) www.andongsojumall.com
· 안동소주(조옥화 명인) www.andongsoju.com
· 한산소곡주(우희열 명인) www.sogokju.co.kr
· 제주고소리술 www.jejugosorisul.com
· 김천과하주 www.gwahaju.modoo.at
· 청주신선주 www.sinseonju.modoo.at
· 담양추성주 www.chusungju.co.kr
· 신평양조장 www.koreansul.co.kr
· 금정산성막걸리 www.sanmak.kr
· 전주모주 www.jjjujo.co.kr

· 전통주 장비 및 재료 판매
www.wine2080.com, https://wineman.cafe24.com, www.winekit.co.kr
· 우리 술 종합정보 사이트 www.thesool.com
· 발효,양조 전문 교육기관 www.sulinfo.co.kr
· 전통주 전문 교육기관 www.sool.or.kr
· 전통주 정기구독(판매) 서비스 사이트 www.sooldamhwa.com
· 전통주 전문 판매 업체 www.17abv.com
· 술팜전통주 https://smartstore.naver.com/bluegreenk
· 전통주애 https://smartstore.naver.com/soollove
· 국세청 주류면허 지원센터 https://i.nts.go.kr
· 제주세계술박물관 www.worlm.co.kr
· 안동소주박물관 www.andongsoju.net
· 대한민국술테마박물관 www.sulmuseum.kr
· 사가신사 https://kyotofukoh.jp/report850.html

인문학으로 배우는

한국 전통주 소믈리에

제1판 1쇄 | 2021년 8월 10일

지은이 | 김경섭
펴낸이 | 유근석
펴낸곳 | 한국경제신문*i*
기획제작 | (주)두드림미디어
책임편집 | 이향선, 배성분　디자인 | 디자인 뜰채 apexmino@hanmail.net

주소 | 서울특별시 중구 청파로 463
기획출판팀 | 02-333-3577
E-mail | dodreamedia@naver.com
등록 | 제 2-315(1967. 5. 15)

ISBN 978-89-475-4705-5 (13590)

책 내용에 관한 궁금증은 표지 앞날개에 있는 저자의 이메일이나
저자의 각종 SNS 연락처로 문의해주시길 바랍니다.